宇宙物理学

桜井邦朋 著

まえがき

　宇宙物理学（astrophysics）と呼ばれる学問の研究分野は，地球の大気圏外から太陽圏（heliosphere）に広がる宇宙空間（space）を超えて，最遠の宇宙の果てにまでわたる広大な空間で起こっているあらゆる物理現象にかかわっている．この学問の主な目的は，これらのいわゆる宇宙物理的諸現象についてえられた多種多様な観測結果を，現代物理学の理論と研究方法を駆使して分析し，えられた結果に対し理論的な説明や解釈を与えることを試みることにある．しかしながら，いろいろな現象が起こっている現場にでかけて行って，直接に観測（または，観察）したり，実験的に検証したりすることができないので，これら現場から地球に送り届けられる光ほかの電磁波や，高エネルギー粒子などを検出し，それらの特性を詳しく観測，解析することにより，これらの現象の成因，機構とその発現，また，それらに関連したいろいろなことがらを，先に述べたように，現代物理学の理論と研究方法に基づいて，解き明かしていかなければならない．

　このように，物理学の他の多くの研究分野における研究手法と，宇宙物理学にかかわるそれとは，大きく異なっている．しかし現在では，地球の大気圏外から宇宙の果てにまでわたる空間で起こっている宇宙物理学的諸現象に伴って発生したほとんど全波長をカバーする電磁放射と，宇宙線ほかの高エネルギー粒子群がもたらす特性を詳しく観測することにより，詳細に研究し，これらの現象の本質を解き明かしていけるようになっている．物理学というタイトルを冠したいろいろな研究分野の中で，現在最も活発に研究され，日進月歩の勢いで新しい事実の発見や理論的な研究の成果がえられつつある分野が，宇宙物理学研究の最前線なのだ，と言ってよいであろう．

　このように進展著しい学問の現状について，その内容の質を落とすことなく基本的に重要なことがらを，できるだけ初等的（elementary，やさしいという

意味ではない）に説明を試みたのが，本書である．著者の能力にもよるが，この学問の多岐にわたる領域について，精疎なく十分に解説しえたかどうかについては，いささかの杞憂が残る．しかし，宇宙物理学と私たちが総称する学問の全体像について，読者となられた方々にとって，未来の発展への展望に少しでも役立てられるところがあろうと秘かに願っている．

　本書が書かれるに至るきっかけは，共立出版株式会社の稲沢 会氏との予期せぬ出会いにあった．有難いことである．その後，企画の段階で，本書の編集に当たられることになった横田穂波氏に，具体的な内容について相談させて頂き，編集上で多くのお手数をかけた上で，「宇宙物理学」と題したごらんのような書物ができあがったという次第である．こうした出会いを，横田，稲沢両氏に深く感謝したい．

　本書が，宇宙物理学とその関連分野に関心を抱く人々，特に，未来ある若い人たちに手にとって頂き，この方面の勉強をすすめてみたいという希望を生みだすきっかけとなってくれたら，著者としてこれほど嬉しいことはない．

2006 年 9 月

桜井邦明

目　次

プロローグ—宇宙物理学とは ……………………………………………… *1*

1. 宇宙物理学にかかわる基本的な観測事実 ……………………………… *4*
   1.1　星（恒星）と星間物質　*4*
   1.2　星　団　*10*
   1.3　銀河と活動銀河　*14*
   1.4　元素組成　*16*
   1.5　高エネルギー現象　*18*
   1.6　宇　宙　*18*

2. 宇宙物理学諸現象にかかわる素過程 …………………………………… *20*
   2.1　素粒子間の素過程　*21*
   2.2　原子核間の素過程　*23*
   2.3　電磁的な素過程　*24*
   2.4　粒子集団にみられる素過程　*30*
   2.5　重力の作用　*31*

3. 星の構造と進化 …………………………………………………………… *33*
   3.1　星の構造—平衡の条件　*33*
   3.2　星の大気　*38*
   3.3　エネルギーの伝達機構　*43*
   3.4　対　流　*43*
   3.5　熱核融合反応（熱核反応）　*45*
   3.6　太陽ニュートリノ問題　*50*

- 3.7 星の誕生―原始星　*54*
- 3.8 主系列星　*59*
- 3.9 主系列星以後　*63*
- 3.10 白色矮星　*69*
- 3.11 超新星現象　*71*
- 3.12 元素の起源　*77*
- 3.13 星の脈動　*79*
- 3.14 惑星状星雲　*84*
- 3.15 太陽や星からの風　*85*

4. 極限状態にある星と高エネルギー現象 …………… *88*
- 4.1 相対論的な星の構造　*88*
- 4.2 中性子星　*94*
- 4.3 パルサー　*96*
- 4.4 ブラックホール　*100*
- 4.5 X線星　*101*
- 4.6 γ線星　*104*

5. 宇宙物理的な高エネルギー現象 ………………… *108*
- 5.1 高エネルギー現象とは何か　*109*
- 5.2 宇宙線　*109*
- 5.3 電波放射―電子成分の働き　*115*
- 5.4 高エネルギー電磁放射―X線とγ線　*120*
- 5.5 γ線バースト　*124*

6. 銀河と銀河団 ………………………………………… *126*
- 6.1 銀河の基本的性質　*127*
- 6.2 天の川銀河の構造　*128*
- 6.3 銀河の進化　*133*
- 6.4 銀河の集団　*137*

6.5　超銀河団　*141*

7. 宇宙の創造と進化―宇宙論の世界 ……………………………… *143*
　　7.1　宇宙の基本的性質　*144*
　　7.2　宇宙の構造　*147*
　　7.3　宇宙の創造と進化　*148*
　　7.4　宇宙論が目指すもの　*155*

エピローグ―宇宙物理学の将来 ……………………………………… *157*
さらに深く学ぶために ………………………………………………… *159*
参考文献 ………………………………………………………………… *162*
付　　録 ………………………………………………………………… *163*
索　　引 ………………………………………………………………… *169*

プロローグ―宇宙物理学とは

　宇宙物理学とは，19世紀終り頃にアメリカで造語されて以後，使われるようになったAstrophysicsの訳語である．この名称で呼ばれる学問は，宇宙空間で起こり観測される多種多様な天文現象を，現代物理学（Modern Physics）の理論と方法を駆使して研究し理解することを目的としている．天文現象を重力の作用に基づいて研究する学問は，天体力学と呼ばれているが，この学問の基礎はニュートン（I. Newton）によって築かれた．しかし，この学問は，星の大気の物理状態や星と星の間の空間に広がる希薄なガスやチリの物理状態の研究と理解には無力であった．

　いま述べたこれらの物理状態の研究をすすめるにあたって本質的に重要な役割を果たすのは，星々や星間空間に広がるガスやチリから送り届けられる光がもつ性質の観測に基づいた分析と，その背後にある物理的な機構の研究である．私たちは星々のある所へ出かけていって，その物理的な性質を調べて研究することができないので，星々から到来する光を観測し，その結果を物理的に調べ研究することになる．現在では，地球の大気圏外に科学観測を目的とした人工衛星やロケットを飛翔させて，遠くの宇宙空間から送り届けられる光が示す性質を観測して分析することにより，このような光を発する天文現象を研究できるようになっている．これらの光には，私たちの目には見えない紫外線，X線，γ線，赤外線や広い周波数帯にわたる電波がある．目に見える光，いわゆる可視光は大気を透過し地表にまで到達するが，紫外線，X線，γ線のような可視光よりも波長の短い光，つまり電磁波は，大気によってほぼ完全に吸収されてしまうため大気圏外において観測することが必要となるのである．似た事情は，赤外線やサブミリ波のような波長の短い電波，あるいは波長が数100 m以上のいわゆる長波長の電波にもあり，宇宙空間から到来するこれらの電磁波の観測も大気圏外でなされなければならないのである．

可視光とそれ以外の目に見えない光，つまりX線，γ線，赤外線，紫外線，電波といったいろいろな光，言い換えれば，電磁波がどのような物理的性質を示すのかについて理解することが，これらの光がもたらす多種多様な天文現象を解き明かすための大切な手段であることが明らかになったのは，19世紀半ば過ぎのことであった．しかし，光が示す物理的性質が理解できるようになるには，現代物理学の成立を待たねばならなかった．この学問の基本となるのは量子論と相対論の二つで，これらはともに20世紀に入ってから創造された学問分野であることから，宇宙物理学自体が20世紀半ば以後に急速に発展したのには，明白な理由があるというわけである．現代物理学が成立して初めて宇宙物理学上のいろいろな問題に関する研究がすすみ，宇宙物理学的な諸現象が解き明かされるようになったのである．この方面の研究は現在も急速にすすみつつある．

宇宙物理学（astrophysics）という用語は，太陽の物理学的な研究で大きな業績をあげたアメリカのジョージ・エラリー・ヘール（George Ellery Hale）によって，19世紀末期の1890年代の後半に作られた．当時，光によって観測された天文学上のいろいろな現象の研究に，光の物理的な性質が重要な役割を果たすことが次々と明らかにされていったことから，これらの現象の解明には物理学の知識が必要不可欠であると認識されたがためであった．

太陽や星々から送られてくる光の帯，つまりスペクトルに黒い筋（暗線，あるいは，フラウンホーファー線と呼ぶ）や明るい筋（輝線と呼ぶ）が重なっているのが，天体望遠鏡などのレンズ磨き職人だったフラウンホーファー（J. Fraunhofer）によって，1814年に初めて注目された．このような筋の存在は，ニュートンも気づいていたということであるが，これらの筋が星々の大気の物理状態についての情報を担っていることは，1853年にドイツのキルヒホフ（G. Kirchhof）とブンゼン（R. Bunsen）の二人による研究により明らかにされた．暗線や輝線が，これらの筋を作りだす星の大気の物理状態と，大気の化学組成について知る重要な手掛かりを与えることが，彼ら二人により示されたのであった．ここから，天体分光学と呼ばれる研究分野が誕生してきたのである．

しかしながら，星の大気の物理状態と大気中に存在するいろいろな元素から

の光の放射や，これら元素の光の吸収に関する厳密な理論的研究は，20世紀になって創造された現代物理学の理論と研究方法によって初めて正しい軌道に乗ったのであった．現在では，私たちの目に見える光，つまり可視光以外の光である紫外線，X線，γ線，赤外線や広い周波数帯にわたる電波の観測による宇宙物理学的諸現象に関する研究もなされるようになっており，宇宙空間で起こるこれらの現象に対する理解が革命的に進展しつつある．

　これらの光，つまり，電磁波の観測による宇宙物理学上の諸現象の研究とそれらの理解は，いま述べたように急速に進展しつつあるが，これらの現象の生成には高エネルギーの電子や陽子，さらには多くの重い原子核やニュートリノと呼ばれる素粒子がかかわっていることが明らかにされている．これらの粒子の一部は宇宙線（cosmic rays）として地球の大気の底，つまり，地表面にまで届いていることが現在では知られている．このようなわけで，宇宙物理学上の諸現象の研究には，到来するいろいろな電磁波の観測による研究とともに，これら粒子の観測による研究も重要な役割を担うことが現在では明らかとなっており，両者の研究が並行してすすめられているのが現在の姿である．

1. 宇宙物理学にかかわる基本的な観測事実

　宇宙空間にはたくさんの銀河が存在しているが，それらはいくつかの特化された構造をもっている．天の川銀河と呼ばれる星々と星々の間に横たわる空間，つまり，星間空間に漂う水素を主成分としたガスやチリとから成る銀河の一つに太陽は属している．太陽の周囲を公転する私たちの住む地球を含めた惑星たちも，この天の川銀河に属する天体である．この銀河には 4000 億個にも達する星々が存在するが，その大半は太陽と同程度の質量をもつ，星としては比較の話であるが相対的に質量の小さな星々である．

　この章では，第 3 章以下で取り扱う宇宙物理学の研究対象であるいくつかの事項について，後の章への導入となる基本的と考えられることがらを概観する．これにより，第 3 章からあとの諸章において扱われるそれぞれの研究対象が，いかなるものであるかが理解できるであろう．

1.1　星（恒星）と星間物質

　星々は，長い間にわたって天空上でその位置を変えることがないことから，しばしば恒星と呼ばれるが，このような言い方は時とともに天空上の位置を変えていく惑星たちと区別するためになされたのである．

　星々は自らが光を周囲の空間に向かって放射し続ける天体である．私たちに届く星からの光の明るさは，私たちからの距離によってちがってくるが，星自体の性質によっても異なる．そのため，星々の各々について，その真の明るさ（周囲の空間に向かって放射される単位時間あたりの光の総量 (flux)）を知るには，当の星までの距離がわからなければならない．しかし，星々までの距離は非常に大きいので，この距離を直接観測することのできる星の数は限られている．太陽の周囲を公転している地球の軌道の直径を基線とした三角測量の方法によって，太陽に比較的近い星々の距離を測定することができるが，先に述

べたようにその数は限られている.

　公転軌道の直径を基線としてこの直径の両端からある星を測定した時は，星が見える方向がなす角の半分を年周視差といい，この角が1秒をなす星までの距離を1パーセク（pc）と呼ぶ．この距離は光年という単位で表すと，3.26光年にあたる．1光年は，光が1年間に走る距離で，9.48×10^{12} km，つまり約10^{13} kmの大きさである．

　星の見かけの明るさは，私たちからの距離によってちがってくるが，古代の人々は彼らの目に見える一番明るい星々を1等星，最も暗く辛うじて見える星々を6等星と5段階に分類した．1等星と6等星の明るさのちがいは100倍にあたるので，1等級の明るさの比は2.51であることがわかる．しかし，目で見た等級は，星々の真の明るさ，つまり単位時間に放射される光の総量を表しているわけではないので，星々の本当の明るさを計る目安となる絶対等級（absolute magnitude）という表示法を考案して用いている．星々の距離が，私たちから10パーセクのところにあったとして，ドイツで編集された星のカタログであるボン星表に記載の6等星の明るさの平均をあらためて6等と定義し，これを基準として星の真の明るさ，つまり絶対等級を決める．したがって，この等級表示では端数がててくることになる．たとえば，シリウスはマイナス（−）1.57等，ヴェガは0.14等ということになる．

　星の見かけの等級をm，絶対等級をMと表したとき，星の見かけの明るさをl，10パーセクの距離においた時の明るさをLとすると，明るさは2.51変わるごとに対数的に1単位だけ変わるから，mとMの間には，次のような関係が成り立つ．

$$m - M = -2.51 \log \frac{l}{L}$$

また，星までの距離をrパーセクだとすると，$l/L = (10/r)^2$の関係が成り立ち，先の式から，絶対等級Mは見かけの等級mを用いると次のように表される．

$$M - m = +5.02 - 5.02 \log r$$

この式から星までの距離と見かけの等級がわかれば，星の真の明るさ，つまり

絶対等級 M が求められることがわかる．

　星の明るさは光を放射する大気層の半径と温度の二つにより決まるが，この半径の大きさと温度は当の星の質量と密接な関係がある．全波長域にわたる光の放射の単位時間，1秒あたりの強さは単位面積，たとえば，$1\,\mathrm{cm}^2$ に対し，温度（絶対温度，K）を T，ステファン・ボルツマン定数を σ ととると，σT^4 で与えられる．したがって，星の明るさ（L）は，星の大気層の表面積を S とおくと，$L = S \times \sigma T^4$ と表される．星の中心から光を放射する大気層までの距離，つまり星の半径を a ととると $S = 4\pi a^2$ と表されるから，星の明るさ（L）は星の半径の2乗に比例することがわかる．

　いま，星の半径が星の中心から光を放射する大気層までの距離だという言い方をしたが，私たちが用いるこの半径は私たちの目の機能に密接にかかわっている．たとえば，私たちに最も近い星である太陽を黒くいぶしたガラス板か，感光して黒く焼けたフィルムを通して眺めたとき，円形の光った球体が円板状に見える．太陽を作るガス物質がこの球体の外側には全然存在せず，この球体の縁の内側だけに限られているのかというとそうではなく，ガス密度は小さいかもしれないが広がっている．この縁が作られるのは，私たちの目がこのガスを通して太陽の背景に広がる無限の彼方まで見通すことができる限界があるためである．この限界が縁を作り，その内側が太陽の球体，つまり光球を形成するのである．このことは，私たちの目に見える光，いわゆる可視光の波長域が，大よそ10万の4から8cmに限られていることと因果的にかかわっていることを示している．私たちに紫外線が見えれば，太陽の見かけの半径は，現在私たちが使用している 6.9599×10^8 m （$= 6.9599 \times 10^5$ km）よりも大きくなるのである．光球のすぐ外側に彩層と呼ばれる光球より高温の紫外線を強く放射する大気層が存在するからである．

　星々の大きさ，言い換えれば半径は互いにみなちがっており，おそらく，同じ例はないであろうが，相互に似通ったものはたくさんあるであろう．半径の大きさがちがうということは星々に質量の相異があり，その結果として，大気層の温度や明るさにちがいが生じることを予想させる．半径が大きいということは星の質量が大きいことを予想させるし，その結果として，星の表面（縁を作る）付近の重力が強くなると推測されるので，表面付近の大気層の温度が高

くなっていると推論される．したがって，質量が大きくなるにつれて星自体が大きくなり，それに伴って大気層の温度が上がり明るさが大きくなることになる．

　このように星の大気層に相異があることは，星からの光放射の性質にもちがいがあることを予想させる．実際，星からの光放射の性質に基づいて星々の分類がなされている．星の大気の温度とガス密度によって，放射される光のスペクトルに生じる暗線や輝線にちがいが生じるので，それらの特性に基づく分類法が考案されている．こうした分類を系統的に試みたのはハーバード大学の人々で，現在，ハーバード分類法と呼ばれており，星々をO–B–A–F–G–K–M，さらにGから分枝したR–Nと示したように，光放射の特性に対し，O型，B型などに，いま示した順に明るい側の星から順々に暗くなっていくように分類されている．RとNの両型の星では特殊な分子に対する暗線の存在が際立っている．これらの星のそれぞれの型については，それぞれさらに10段階に分け，たとえばB0, G2, K6などというふうに記載する．星々の代表的な例について，光のスペクトルの特性がどのようなものかがわかるように，図1-1に示した．このスペクトルの主な特性については，表1-1に簡単にまとめてある．

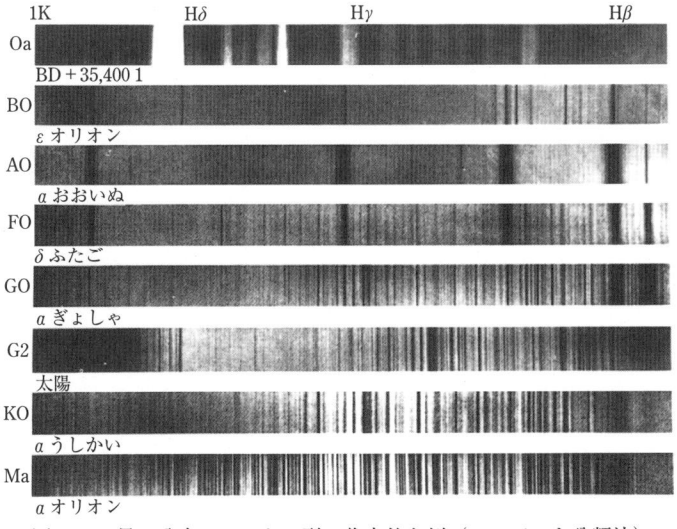

図 1-1　星の分光スペクトル型の代表的な例（ハーバード分類法）

表 1-1　星の分光スペクトル型による分類からみた星の光放射特性

スペクトル型	スペクトルの主な特徴	表面温度 (K)
O	電離ヘリウム線	80,000
B	中性ヘリウム線	20,000
A	水素線	10,000
F	AとGの中間	7,000
G	金属吸収線	6,000
K	GとMの中間	4,200
M	TiO 分子線	3,000
R	ZrO 分子線	3,000
N	C_2 分子線	3,000

　星々が示す光放射に見られるスペクトルの特性は，星々の大気の温度と密度によるが，いま，この温度と絶対等級との間には，図 1-2 に示すような注目すべき特徴がある．この図に示したような関係は，1917 年に独立に，デンマークのヘルツシュプルング（E. Hertzsprung）と，アメリカのラッセル（H. N. Russell）によって明らかにされたので，ヘルツシュプルング・ラッセル図（略して，H・R 図としばしば呼ぶ）と呼ばれている．太陽から 100 光年以内の星々に対するこの図は，星々の性質にいくつかの類別があることを示す．右下から左上に 1 本の曲線に沿うかのように連なって分布する星々があり，これ

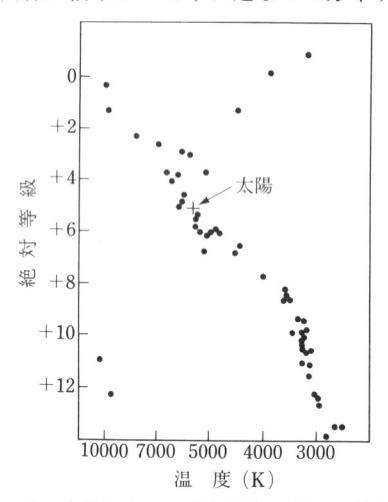

図 1-2　太陽から 100 光年以内の星々に対する
　　　　ヘルツシュプルング・ラッセル図

らの星々は主系列星 (main sequence stars) と呼ばれている．右上方に見られるいくつかの星が，表面大気の温度が低いのに，明るさがきわめて大きいのは星の半径が極端に大きいことを意味している．温度が低いので星の色は赤っぽくなるから，これらの星々は赤色巨星 (Red Giant) と呼ばれている．

図 1-2 で，左下の隅に表面温度は高いのに明るさが極端に小さい星が二つ見える．このことは，星の大きさがきわめて小さいことを示しているので，白色矮星 (White Dwarf) と呼ばれている．図 1-2 は，太陽近くの星々に対するヘルツシュプルング・ラッセル図であるが，後に述べるように，たとえば，かに座にある M67 と名づけられた星の集団に属する星々に対するヘルツシュプルング・ラッセル図の特性は，図 1-2 に示した例とは大きく異なっている．こうしたちがいが星々の進化に対する手掛かりを与えることについては，第3章で明らかにされるであろう．

星々の特性を示す際に，現在では太陽を基準にする場合が多いので，太陽の明るさ，半径，質量，表面重力の強さほかについて，表 1-2 にまとめておく．太陽は⊙で示す記号で表されているのである．

星と星の間の空間は，何物も存在しない真空なのではなく，希薄ではあってもいろいろな原子や分子，さらにはそれらが集合して作るチリ (dust) やその塊り (grain) が存在している．これらのガスやチリなどは，場所によっては相対的に物質密度が高くなっており，背景にある星からの光を吸収したり散乱させたりして，私たちのところまで届かなくしてしまう．また，高温の星の近くにある場合は，ガスがイオン化（電離）されており，それらイオン化した原子からの輝線で輝いていることもある．これらの相対的に密度の高いガスやチリの集団は星雲 (nebula) を形成している．

天の川銀河内にあって星々が広がるいわゆる天の川の中では，これらガスや

表 1-2 太陽にかかわる諸物理量
（宇宙物理学では太陽を基準にとる場合が多い）

質　　量 ($M_\odot$)	1.98892×10^{30} kg
明 る さ ($L_\odot$)	3.8268×10^{26} W (= J/s)
半　　径 ($R_\odot$)	6.95997×10^{8} m
表面重力 ($g_\odot$)	2.740×10^{2} m/s^2
銀河中心に対する公転速度	220 km/s
銀河中心からの距離	8.5 kpc

チリの平均的な密度は水素原子にして 1 cm^3 あたり 1 個程度と非常に希薄であるが，星雲内では数密度が 10^3 個かそれ以上になっている場合もある．天の川から外れた外の領域では，数密度が水素にして 0.01 個/cm^3 か，それ以下とかなり低い．また，銀河と銀河の間では，数密度は水素にして 0.001 個/cm^3 とかなり小さい．

いま，天の川銀河という表現をしたが，太陽や私たちが住む地球はこの銀河を構成する天体なのである．この銀河は，4000 億個にも達する星々が天の川と私たちが呼ぶ円板状の領域に集中しており，その直径はおよそ 10 万光年である．この円板状の星々が集中して存在する領域の厚さは 3000 光年程度にしかならないが，この銀河の中心部はレンズ状の形にふくらんでおり厚さは 1 万光年ほどある．太陽はこの銀河の中心から 3 万光年ほど離れた場所にあって，この銀河が回転する向きに，この回転の速さよりも約 20 km/sec だけ速く，銀河の中心に対し公転運動をおこなっている．

星と星の間に存在するガスやチリ，また，それらの塊り（grain）の総存在量は，星々の全体の質量と同程度か，それ以上に達するものと，これら物質の空間密度から推測されている．また，いわゆる星間物質と星々とを合わせた質量全体の空間分布のパターンから，天の川銀河の構造や回転の特性を理論的に説明しようと試みても，観測されたこの特性の説明ができないことから観測にかからない物質，いわゆる暗黒物質（dark matter）が存在すると考えられている．

1.2 星団

星々の空間分布をみると，天の川銀河空間内で，ある特徴のあることがわかっている．星々が数万個も球状となって集団をなすものと，不規則であるがたくさんの星が集団となっているものとがある．前者は球状星団（globular cluster，図 1-3）と呼ばれ，その空間分布は，天の川銀河の中心に対し球対称にほぼ広がっている．これに対し後者は，集団のでき方がゆるやかなので散開星団（open cluster，図 1-4）と呼ばれ，その空間分布は銀河の円板状領域内，それもアーム（arm，腕ともいう）に沿うように広がっている．

元素の組成についてみると，球状星団の星々は散開星団の星々に比較して，

図 1-3　球状星団 M13（ヘルクレス座）[11]

図 1-4　散開星団プレセペ（かに座）[11]

炭素以上の質量の元素の存在量が相対的に少ない．また，星の明るさでは，球状星団の星々は O 型や B 型など，表面温度の高い星を欠くことから相対的に

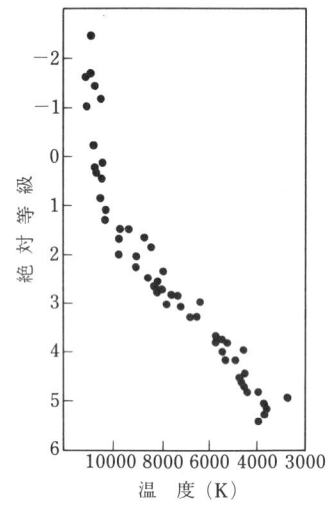

図 1-5 散開星団プレアデスの星々に対するヘルツシュプルング・ラッセル図

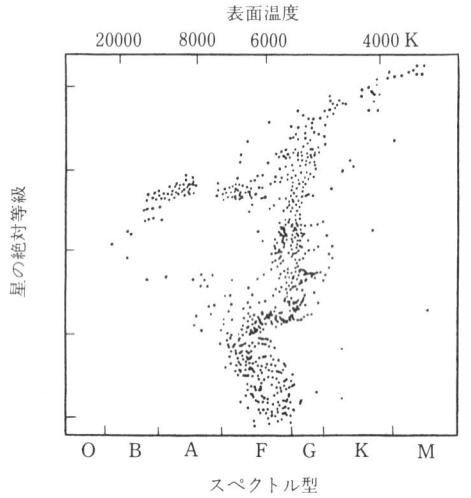

図 1-6 球状星団 M13 の星々に対するヘルツシュプルング・ラッセル図[14]

暗く，星の色もオレンジ色となっている．それに対し，散開星団の星々には，O 型や B 型に分類される質量の大きなものが多く，それらの多くは青白く輝

いている.

　先にみたように，球状星団に属する星々の物理的性質と元素組成は散開星団に属する星々のものと比べて異なっている．この相違は，星の進化からみて本質的なものと考えられることから，その起源自体を異にするものと想定され，前者を種族II（Population II），後者を種族I（Population I）と呼んでいる．これら二つの種族に属する星団の星々に対するヘルツシュプルング・ラッセル図を作ってみるとその相違が際立ってくる．散開星団の一つであるおうし座のプレアデス星団の星々に対するこの図は，図 1-5 に示すようになるのに，球状星団の一つであるヘルクレス座の M13（図 1-3）に対するものは，図 1-6 に示すようになっており，両図の間には本質的なちがいのあることがわかる．M13 や M67 などの球状星団についてのヘルツシュプルング・ラッセル図は，多くの星が赤色巨星の段階にあることを示している．

　星々はそれぞれが宇宙空間内で固有の運動をしている．太陽については既に述べたことがあるように，天の川銀河の円板状の領域に沿って銀河中心と太陽を結ぶ直線に対し，垂直の方向に銀河回転の速さより約 20 km/sec だけ速く運動している．先にプレアデス星団の星々に対するヘルツシュプルング・ラッセル図（図 1-5）を示したが，これらの星々の固有運動の向きを示すと，図 1-7 にみるように星々が全体としてある方向に走っていることがわかる．球状

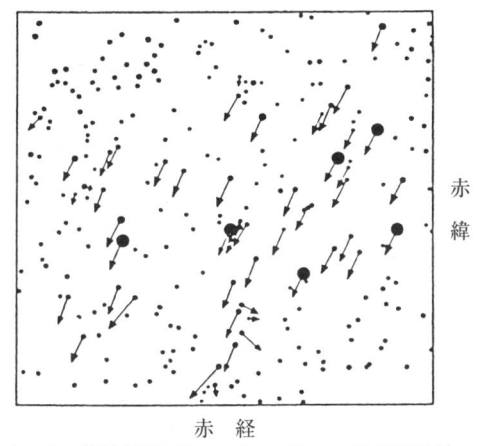

図 1-7　散開星団プレアデスの星々の固有運動[14]

星団の星々は，全体の重心と考えられる点を中心に対称的な運動をしながら，全体として，銀河の円板状の領域に対しほぼ垂直に向かう運動を示す傾向がある．

1.3 銀河と活動銀河

　天の川銀河がどのような構造をしているかについては，ほんの少しであるが先にふれた．その時に，この銀河が4000億個にも達する星々と，この星の総質量を超えるほどの星間物質とから構成されていると述べた．このような銀河にはいろいろな形のものがあるが，この宇宙全体では1000億個ほどの銀河が存在するものと想定されている．天の川銀河はたくさんのアーム（腕）をも

図 1-8　アンドロメダ銀河．天の川銀河から200万光年彼方にある[11]

ち，それらが銀河の中心方向からせん状に広がっていき，その広がる向きが銀河回転の向きと逆になっている．

　天の川銀河の大よその形状は，図1-8に示したアンドロメダ銀河とよく似ていることが示されている．この銀河は典型的な渦巻き銀河（spiral galaxy）で，その大きさも天の川銀河とあまりちがわない．この銀河には二つの小さな楕円状の銀河が伴っており，これらは伴銀河と呼ばれている．天の川銀河には，不規則な形状をした銀河が二つ伴っており，これらは発見者にちなんで大マゼラン雲，小マゼラン雲と命名されている．16世紀に初めて船により世界一周したマゼランが，南天にぼうっーと輝く雲状をした星々の集団を発見したのである．

　ごく最近のことであるが，天の川銀河の中心付近に巨大なブラックホールが存在することが発見された．このブラックホールの質量は，太陽のそれの260万倍もあると見積もられている．私たちの地球から眺めると，天の川銀河の中心はいて座の方向にあり，Sgr A*と名づけられた特異な性質を示す天体がこのブラックホールの候補となっている．

　天の川銀河やアンドロメダ銀河には，円板状の領域の中心に対し球状に広がるハロー（Halo）と名づけられた領域が形成されている．その半径は円板状の領域の半径ほどあり，このハローでは，ガス密度は円板状の領域の10分の1から100分の1程度と非常に希薄である．円板状領域にはアームに沿うようにいわゆる銀河磁場が広がっているが，この磁場の一部が，この円板状領域に対し垂直方向に流れだしているガスの流れにより，ハローへともちだされている．この流れは，銀河風（galactic wind）と呼ばれている．

　天の川銀河やアンドロメダ銀河の中心部は，現在ではあまり激しい高エネルギー物理現象を起こすようなことは既になくなっている．かつてこのような現象を伴っていたと思われるガスのジェットが，銀河の中心部から円板状領域に対し垂直方向に弱いながら痕跡的に見える．このようなジェットが活発に現在も連続的に，あるいは断続的に流れだしている銀河が観測されている．このような銀河は，活動銀河と呼ばれており，その中心部に活動の核となる領域が形成されている．このジェットは，この活動する核から銀河の円板状領域に対し垂直方向に互いに反対向きに流れだしている．こうした活動銀河からのジェッ

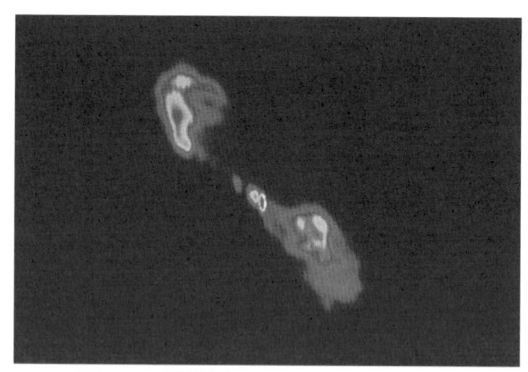

16　1. 宇宙物理学にかかわる基本的な観測事実

図 1-9 活動銀河からのジェットの一例

トは，図1-9に示すように，2本，互いに反対側に向かって吹きだしているのである．

1.4 元素組成

　星も星間物質もともに，いろいろな元素から構成されている．これらの元素がどのような割合で存在しているかについて知るには，星の場合は，星から送り届けられる光に形成されている暗線や輝線がどの元素からのものか，また，その存在量について，それらの波長とその強さを測定することから明らかにすることができる．光はその発生源となる元素の運動によって波長が変わるので（光のドップラー効果），このことも考慮しなければならないが，逆に波長の変化から光を放射する大気がどのような運動をしているか推測することができる．

　太陽から送り届けられる光に形成されている暗線や輝線が示す性質の分析と，原始太陽系の化学組成を現在に至るまで保持していると考えられている炭素質コンドライトと呼ばれる隕石の分析とから，推測された太陽大気の化学組成，言い換えれば，元素組成は，図1-10に示すようなものである．水素の存在量が圧倒的に多く，次いでヘリウムが2番目に多い．この図では，横軸が元素の原子状態における原子核質量数が用いられている．水素，ヘリウムの次に多いのは酸素で，その存在量は窒素と炭素と大きくちがってはいない．原子番号26（$Z=26$）のところに鋭いピークがみられるが，これが鉄の存在量で，鉄

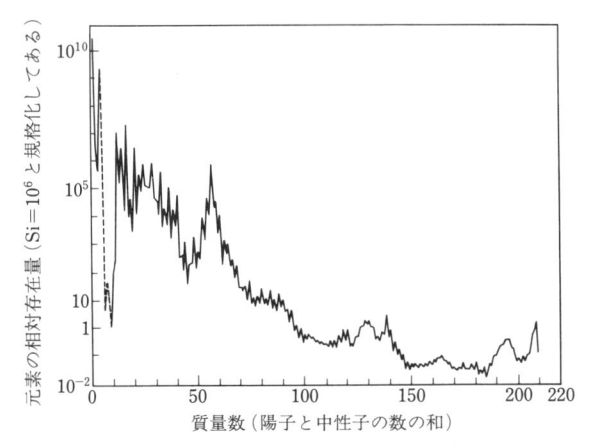

図1-10 太陽大気の化学組成．元素の相対存在量について，元素の質量数で表してある

属の元素，鉄，コバルト，ニッケルが，太陽大気中には豊富に含まれていることがわかる．

図1-10に示した太陽大気の化学組成は，主系列の星々と大体において一致することから，太陽の化学組成が，しばしば宇宙の化学組成の代表として取りあげられている．先に星の種族に言及したが，炭素から上の重い元素の存在量についてみると，種族Ⅰの星々のほうが，種族Ⅱの星々に比べてずっと豊富であることがわかっている．元素組成が星の種族によってちがっている事実は，星の進化と元素の起源とのかかわりについて研究するための手掛かりを与えてくれるのである．

星と星との間の空間に広がって分布するガスやチリ，あるいはチリの塊りの元素組成も星のものとあまり大きくはちがっていない．これらの星間物質の大部分は，星々が定常的に，あるいは一過性の爆発などにより放出したものから形成されているので当然期待されるところである．濃密で低温の暗黒星雲を通して届く背景にある星からの光は，星雲中で激しく吸収されるので到来する光が示す特性から，星雲の化学組成を推測することができる．また，その結果から，暗黒星雲の物理的な状態について知ることもできるのである．

いろいろな元素が，どのような組成を星それぞれに対して示すのかについて光の分析から明らかにすることにより，星の進化と元素の起源とのかかわり，

あるいは，星のエネルギー源がどのような機構によるのかといった重要な問題の解明に資する手掛かりがえられるのである．元素の起源は，さらに宇宙の創造と進化とも密接にかかわっていることが，現在の宇宙論研究からも明らかにされている．このようなわけで，星々や星間物質の元素組成や，星による元素組成の特異性の存在を明らかにすることは，宇宙物理学研究の最重要課題とすらいうことができるのである．

1.5 高エネルギー現象

　天の川銀河やこの銀河外の空間に存在する活動銀河では，いろいろな高エネルギー現象の起こることが観測されている．これらの現象は，相対論的エネルギーの電子や陽子ほかの原子核によって作りだされるが，これらの粒子が電磁波放射に関与する場合は，X線やγ線のような高エネルギーの光子が放射される．また，相対論的な高エネルギーの電子は，陽子などの原子核との相互作用によりX線やγ線の放射に関与するほかに，銀河の内部や星々の周辺に広がって存在する磁場との相互作用を通じて広い周波数帯にわたる電波を放射する．

　こうした高エネルギー現象を宇宙空間で作りだす高エネルギーの電子や陽子ほかの原子核は，宇宙線（cosmic rays）と呼ばれている．このような粒子が，どのような加速過程を経て作りだされるのかについては，大質量の星が進化の終末期に引き起こす超新星爆発と因果的にかかわっているものと考えられているが，この加速が起こる時期については現在でもその詳細は明らかになってはいない．しかしながら，天の川銀河内にあって粒子が加速される機構は，超新星爆発に伴って発生する衝撃波や，特異星から放出される高速ガス流が星の周囲に生成する衝撃波によるものが最も機能的であると考えられており，この衝撃波による粒子加速が多くの研究者により考察されている．

1.6 宇　宙

　宇宙と私たちがいうとき，星々と星間物質から成る銀河と銀河間に広がるガスが希薄に存在する空間を含むだけでなく，銀河やこの空間内で起こっているあらゆる現象を含めている．したがって，宇宙は星々や星間物質，あるいは銀河間空間に存在する物質などすべてを包含していることになる．このように宇

宙は，この中に存在する物質，光，また，暗黒物質（dark matter）のすべてを容れる場となっている．

　この宇宙がどのような機構によって創造され，進化してきたのかを研究する学問は，宇宙論（Cosmology）と呼ばれているが，現代物理学が成立して以後に初めて宇宙の創造の謎が解き明かされようとしているのである．宇宙を構成する物質の創造と進化が，現代物理学の理論と研究方法により具体的に研究できるようになっている．このことは，この方面の研究が20世紀に急展開を見せたことを物語っており，実際にそうであったことは宇宙論に関する研究の歩みを見れば直ちに首肯されることであろう．

　本章では，宇宙物理学と呼ばれる学問が研究の対象としているいろいろな天文現象について簡略化して記載したが，これらの諸現象はすべて，20世紀に成立した現代物理学によって研究され，"正しく"理解されるようになってきている．現代物理学の成立以後，宇宙物理学と呼ばれる学問も大きく変貌し，それとともに私たち人類が抱く自然観や宇宙観は，20世紀半ばより前の時代のものと根本的にちがってしまっている．

　現代物理学の理論と方法に基づく宇宙物理的諸現象の研究は，現在も急速にすすんでおり，近い将来には宇宙創造の秘密が解き明かされ，結局は地球上における生命の創造と進化の謎が理解されるようになるのであろう．

2. 宇宙物理学諸現象にかかわる素過程

　天の川銀河の内部やこの銀河外の空間内で起こっているのが観測される宇宙物理学的ないろいろな現象は，これらの現象を演出する物質の状態によって本質的にその性質を異にする．この状態とは，物質の究極とも見なされる素粒子の段階から素粒子が集合して作る原子核，原子，あるいは分子の段階，さらにこれらの物質と光との相互作用などにわたっており，それらが宇宙物理学的諸現象の生成と因果的にかかわっているのである．

　これら多種多様な宇宙物理学的諸現象を引き起こす最も基本的な物理過程は，素過程（elementary process）と呼ばれている．実際に起こっているのが観測されるこれらの現象は，これらの素過程が組み合わさったり重なり合ったりしているが，それらの現象を理解するのには物質のそれぞれの段階における素過程を抉りだして理解することが不可欠なのである．

　これから物質のいろいろな段階における素過程について述べていくことにするが，数学を用いて理論的に取り上げることはこれら素過程の説明だけで一書となるので，ここでは定性的に概要だけにふれることにする．後の章で数式による理論的展開が必要となった際には，そこでこれら素過程の数式的理論の側面について述べる予定である．

　現代物理学は，物質の究極構造について基本的な事実をすでに明らかにしており，この究極構造に基づいて陽子や中性子ほかの素粒子の構造から，これら粒子が集合して生成する原子核，原子，さらには分子の構造も，その全貌を私たちの前にすでに示している．これらの物質の構成が明らかにされたことから，この章でこれから述べるいろいろな素過程も理解できるようになった．その結果，1章で簡単にふれた宇宙物理学諸現象を生成する素材である星々と星間物質から宇宙に至るまでのすべてが織りなす空間的，時間的に多彩な現象が，現代物理学の理論と方法とにより解き明かされて今日に至っているのであ

る.

2.1 素粒子間の素過程

　物質の究極構造については，現在，6種類のクォークとこれに対応した6種類のレプトンの存在が明らかにされている．これらの粒子には反物質からなるいわゆる反粒子が対応して存在している．これらのクォーク，レプトン，反クォーク，反レプトンについては，それぞれ名前がつけられており，それらは**表2-1**にまとめて示されている．しかし，この自然界には反物質は存在しないことがわかっている．表2-1に示した反クォークや反レプトンについては，陽電子と反電子ニュートリノ以外が身近かな自然現象に現れることはない．

　クォークの中で，第1世代のuクォーク，dクォークは，私たちの周囲に広がる自然界を作りだす陽子と中性子の素材となる粒子で，陽子と中性子は，図2-1に示すように，これらクォークの複合体である．これらクォークを結合する作用を媒介する粒子が存在し，それらはグルオンと呼ばれている．この作用

表 2-1　クォークとレプトン（反クォークと反レプトン）

電　荷	クォーク	電　荷	反クォーク
+2/3	u,　　c,　　t	−2/3	$\bar{u}$,　　$\bar{c}$,　　$\bar{t}$
−1/3	d,　　s,　　b	+1/3	$\bar{d}$,　　$\bar{s}$,　　$\bar{b}$
	レプトン		反レプトン
−1	e^-,　　μ^-,　　τ^-	+1	e^+,　　μ^+,　　τ^+
0	ν_e,　　ν_μ,　　ν_τ	0	$\bar{\nu}_e$,　　$\bar{\nu}_\mu$,　　$\bar{\nu}_\tau$

電荷の単位は電子電荷

陽子　　　　　中性子　　　　パイオン(π^+)

u, d：クォーク　　$\bar{d}$：反クォーク
クォーク，反クォーク間，クォーク，クォーク間を
グルオンが結ぶ

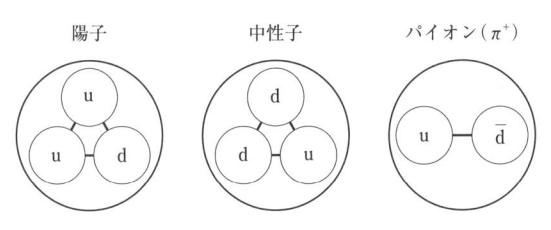

図 2-1　陽子，中性子およびパイオンのクォーク模型（モデル）

表2-2 四つの力（強い力，電磁力，弱い力，重力）の働きを伝達する素粒子

強い力	(Strong Interaction)	グルオン8種
	クォーク間，ハドロン（重粒子）間	
電磁力	(Electromagnetic Interaction)	光子（フォトン）
	原子，分子，電子など荷電粒子間	
	（日常経験する力）	
弱い力	(Weak Interaction)	ウィーク・ボソン3種
	核子崩壊（放射能）	
重力	(Gravitational Interaction)	重力子（グラビトン）
	日常経験する力（極端に弱いが）	

強さ　強い力：電磁力：弱い力 ～ 100：1：0.01
　　　電磁力：重力 ～ 10^{40}：1

は極端に強力なので，現在では，強い力とか強い相互作用とかいうふうに呼ばれている．レプトンとクォーク，あるいはその複合粒子である陽子や中性子との相互作用には，電気的な力が働いたり，クォークが自発的に崩壊（放射性崩壊という）したりする物理過程があるが，前者は電磁的な相互作用，後者は弱い相互作用と呼ばれている．これらの相互作用と強い力，それに重力の作用を合わせて，力あるいは相互作用には四つもの働き方の異なるものがある．これらの力，あるいは相互作用を媒介する素粒子もすべて異なっており，それらは表2-2にまとめて示されている．

　素粒子間における相互作用といったとき，大抵の場合が，いわゆる2体問題と呼ばれるもので，二つの同種，あるいは異種の素粒子の間の相互作用が基本となる．たとえば，中性子星が形成される過程では，星の中心部で次のような反応が起こる．

$$p + e^- \rightarrow n + \nu_e \tag{2-1}$$

この式で，p，n，e^-，ν_eはそれぞれ陽子，中性子，電子，それに電子ニュートリノである．この反応は吸熱反応なので，この反応が起こるためには，外部からこの反応を起こすだけのエネルギーを加えてやらなければならない．中性子星が形成される場合は，星の中心部が急激に潰れる時に解放されるエネルギーが上記の反応を引き起こすのである．

　よく知られているように，自然界では自発的に次のような反応が起こる．

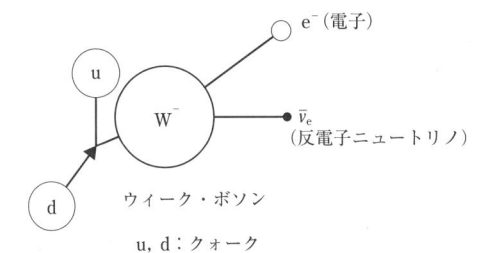

図 2-2 中性子のベータ崩壊に介在するウィーク・ボソン

$$n \rightarrow p + e^- + \bar{\nu}_e \tag{2-2}$$

この反応が中性子の自然崩壊で，これは放射能の研究ではベータ（β）崩壊と呼ばれており，$\bar{\nu}_e$は反電子ニュートリノである．

二つの式 (2-1)，(2-2) に示した素粒子反応は，どちらも弱い相互作用と呼ばれているもので，この作用には表2-2に示してあるように，ウィーク・ボソンと呼ばれる素粒子が力の働きを担っている．式 (2-2) の反応に，このウィーク・ボソンが介在する様子を示すと図2-2のような形になる．この図に示したように，dクォークがuクォークに変換されて，正の電子の電荷量に相当する分だけ電気的性質が変わり，そのとき，ウィーク・ボソンW^-が生成され，これが引き続いて電子（e^-）と反電子ニュートリノ（$\bar{\nu}_e$）に崩壊するのである．

2.2 原子核間の素過程

人類史にとっては不幸なできごとから始まったが，ウラン235（${}^{235}_{92}U$）の核分裂を利用した原子爆弾には，質量のエネルギーへの転換過程が介在している．この核分裂を平和的に利用したのが原子力発電である．この核分裂は，中性子（n）が${}^{235}_{92}U$と融合して${}^{236}_{92}U$に変換されたあと，この${}^{236}_{92}U$が二つの軽い核に分裂するとき，2個の中性子（n）を放出し，この中性子（n）が別の${}^{235}_{92}U$と融合され，先にみたのと同じ核分裂を引き起こすというふうに順次くり返す，いわゆる連鎖反応（chain reaction）が起こる．この連鎖反応のすすむ速さを制御しながら，その際に解放されるエネルギーを発電に用いるのが原子力発電である．

この核分裂反応は，次のように示される．たとえば，

$$n + {}^{235}_{92}U \rightarrow {}^{236}_{92}U \rightarrow {}^{138}_{56}Ba + {}^{74}_{36}Kr + 2n \tag{2-3}$$

生成された2個の娘核は，質量数が140前後と90前後のもので，これらはすべて放射性で短い時間で，さらに別の核種へと変わっていく．

原子核間の素過程は，2個の核種が衝突し別のいくつかの核種を生成したり，融合して1個の核種を生成したりする反応で，一般に次のように表される．

$$X + Y \rightarrow Z + W + \cdots \tag{2-4}$$

$X, Y, Z, W, \cdots$は，異なった核種を表す．たとえば，太陽のような星の中心部ですすむ核融合反応の一つでは，生成される核が一つとなる．

$$ {}^{3}_{2}He + {}^{4}_{2}He \rightarrow {}^{7}_{4}Be + \gamma \tag{2-5}$$

この式中のγはガンマ線である．また，次のような反応も起こる．

$$ {}^{1}_{1}H + {}^{1}_{1}H \rightarrow {}^{2}_{1}H + e^{+} + \nu_{e} \tag{2-6}$$

上式にみえるe^{+}とν_eは，それぞれ陽電子と電子ニュートリノである．この反応過程は，太陽のような相対的に質量の小さな星のエネルギー源となる陽子・陽子連鎖反応（proton-proton chain reaction）の最初の反応過程である．

鉄属の原子核より重い原子核は，超新星爆発に伴うr過程と呼ばれる急速にすすむ中性子捕獲反応と，その間に起こるベータ崩壊により，次々と質量数の大きな原子核が合成されていく．これらもすべて原子核が関与した素過程なのである．

2.3 電磁的な素過程

この素過程は，究極的には電磁波の放射と吸収にかかわっている．電磁波の放射にかかわるのは，比較的容易に加速が可能な電子で，電子が電磁波放射にかかわる機構には2通りの過程がある．まず，古くから制動放射（bremsstrahlung）と呼ばれてきた過程で，相対論的な高速電子が陽子のごく近くを

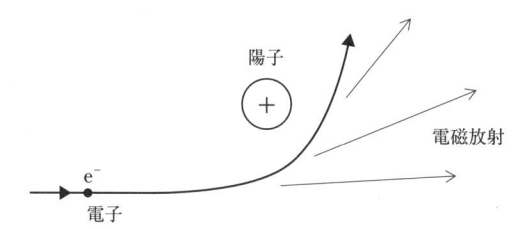

図 2-3 陽子の電場による相対論的電子からの制動放射

通過する際に，陽子の作りだす正の電場による電気力により運動の向きを激しく変えられるときにこの運動の方向に γ 線や硬 X 線を放射する過程である（図 2-3）．

太陽外層の大気層であるコロナは，100 万 K という高温なので，コロナ中の水素は完全にイオン化されており電子と陽子から成るプラズマを形成している．このプラズマ中で，電子は陽子と頻繁に遭遇することにより，先にみた制動放射をプラズマ全体から外部の空間へ向けておこなう．

運動している電子は，磁場中ではこの磁場によるローレンツ力を受け，運動

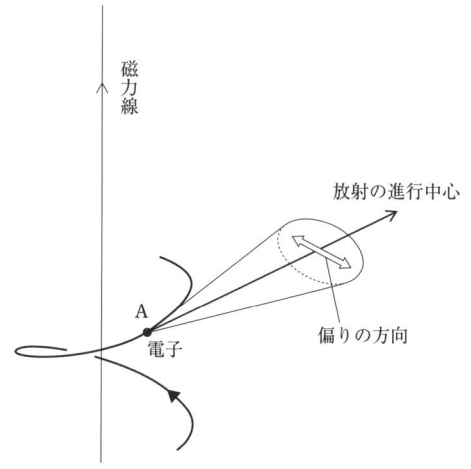

点Aで相対論的電子がシンクロトロン機構により放射した電磁波の偏り．電子は電磁放射を継続する

図 2-4 相対論的電子の磁場内の運動によるシンクロトロン放射機構

の向きが変えられる．この時には，この向きの方向に電磁波を放射する．この力が磁場による制動を生みだすので，時に磁気制動放射（magnetic bremsstrahlung）と呼ばれる（図2-4）．このような電磁放射の存在が，電子を高エネルギーにまで加速する装置であるシンクロトロンの運転中に発見されたことから，電子によるシンクロトロン放射（synchrotron radiation）とも呼ばれている．磁場により受けるローレンツ力は，電子の磁場中における旋回運動を引き起こすことから，ジャイロ・シンクロトロン放射（gyro-synchrotron radiation）という言い方がされることもある．

　太陽についてみれば，黒点群には強い磁場が伴っており，その磁場がコロナ中に広がっている．この黒点群の上空で，磁場の不安定性にかかわって太陽フレアと呼ばれる一種の爆発現象が発生した時には，高エネルギーの電子や陽子ほかの原子核群が加速・生成され，これら粒子の一部が地球にも飛来することがある．加速された高エネルギーの電子は黒点群から広がる磁場によるローレンツ力の作用で，ジャイロ・シンクロトロン放射の機構による広い周波数帯にわたる電波をバースト状に放射する事例がしばしば観測されている．

　天の川銀河のアーム（腕）に沿って磁場が数マイクロ・ガウスと弱いながら広がっている．この磁場は，宇宙線と呼ばれる高エネルギーの陽子ほかの原子核の運動によるローレンツ力の作用で，磁力線に巻きつくような運動をこれら粒子がするように強制される．高エネルギー電子は，この磁場による制動を受け，シンクロトロン放射の機構により，広い周波数帯にわたる電波を放射する．また，アーム（腕）に沿って分布する水素や量は少ないがヘリウムなど重い元素による制動を受け，高エネルギー電子はγ線やX線の放射もおこなっている．

　電磁波は周波数がきわめて高くなり，X線やγ線の領域になると，波動としてよりも粒子として振る舞うと考えたほうが，その特性をよく表せるようになる．X線やγ線を粒子と見なしたほうがよいとして説明できる現象に，たとえば，X線を電子に照射した時に，跳ね飛ばされた電子とそのような作用の結果，X線に生じたエネルギーと運動量の変化にかかわるコンプトン効果と呼ばれるものがある．

　このコンプトン効果と逆の現象が，逆コンプトン効果（inverse Compton

2.3 電磁的な素過程

```
高エネルギー陽子 ──●──→        光子 hf
                    ↗
                   ╱
                  ╱
                 ╲
                  ╲
         hf′ ≫ hf  ╲
                    ╲→ 光子 hf′
                      跳ね飛ばされるとき，陽子
                      のエネルギーをもらう
```

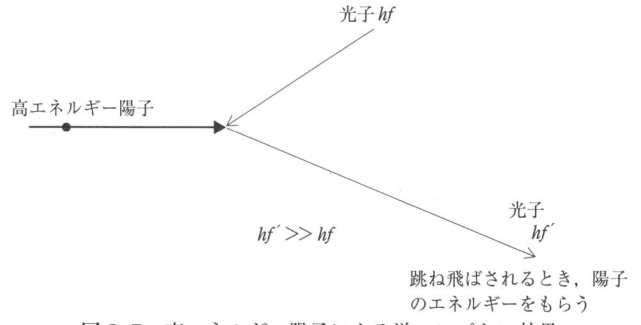

図 2-5　高エネルギー陽子による逆コンプトン効果

effect）と呼ばれるもので，高エネルギーの陽子や電子が光量子と衝突し，この光量子にエネルギーを与える現象である．エネルギー hf の光量子に高エネルギーの陽子が衝突した場合，図 2-5 に示すように，この光量子は跳ね飛ばされるが，その際，陽子からエネルギーを与えられて hf'（$f' > f$）のエネルギーとなる．ここで h, f, f' はそれぞれプランク定数，光量子の衝突前の周波数，それに衝突後の周波数である．

超新星爆発後に形成された残骸の内部に γ 線を放射する領域が観測されているが，γ 線放射の一部は，先にみた逆コンプトン効果による成分であると説明されている．また，天の川銀河内を飛び交っている宇宙線は，この宇宙空間の背景放射として観測される温度 3 K に相当するマイクロ波帯の光子に対する逆コンプトン効果によりエネルギーを失うので，宇宙線エネルギーに上限が形成され，宇宙線の最高エネルギーは 10^{20} ev 付近になるものと理論的に推測されている．このような宇宙線粒子のエネルギーに上限を生みだす可能性を理論的に指摘した 3 人の研究者の名前の頭文字をとって，GZK 効果と現在呼ばれている．

今まで述べてきた電磁的な素過程は，電磁波の波長について連続した電磁波の放射にかかわったものであったが，電磁波の放射と吸収が波長に対して非連続に起こる過程もある．たとえば，水素原子による光の放射と吸収で，その機構は図 2-6 に示したように，水素の原子核である陽子の周囲を軌道運動している電子が別の軌道に飛び移る時に光の放射か吸収が起こる．電子の運動状態について高いエネルギー状態，言い換えれば，陽子からより遠い軌道に電子が

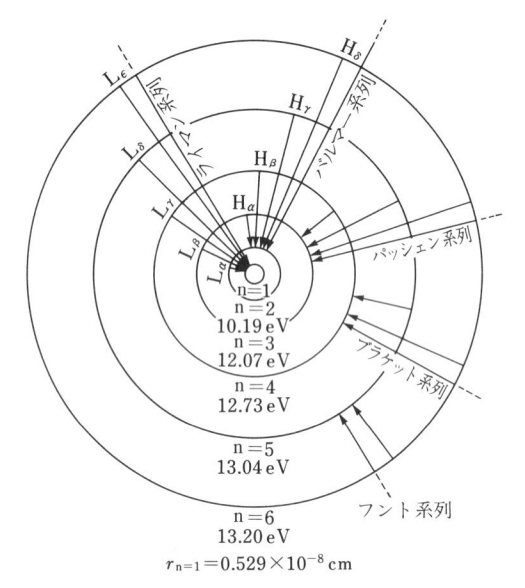

28　2. 宇宙物理学諸現象にかかわる素過程

図 2-6　水素原子内の電子軌道の遷移による
スペクトル線の放射と吸収

あるとき，内側の低いエネルギー状態へ飛び移れば，ある特定の波長の光を放射する．逆に，エネルギーの低い状態から高い状態へ電子が飛び移るには，このエネルギー差に相当するエネルギーを電子が吸収する．プロローグでふれた輝線は前者であり，吸収線，つまり暗線は電子がある特定量のエネルギーを吸収することから起こるのである．

　原子や分子の周囲を軌道運動している電子が，その軌道から別の軌道に飛び移る時に，輝線や暗線が背景の光の帯，言い換えれば，スペクトルの上に重なって生じるのである．これらの輝線や暗線は，特定の原子や分子に固有のものでそれらの波長も決まっている．しかし，光の放射や吸収にかかわる原子や分子が視線方向に運動している場合には，ドップラー効果により波長にずれが生じる．これらのずれを観測し，ずれが生じる理由を解き明かすことから星の大気内で起こっている乱流や星間ガスの運動について理解できるのである．

　陽子，中性子，それに電子は，それぞれが固有の自転をしていることを示すスピンと呼ばれる物理量をもっている．陽子と電子は電荷をもつから，自転す

ることにより電流が生じ，この電流が誘導する磁気がこれら粒子の周囲に広がる．この磁気を生みだす小さな棒磁石が，これら粒子の内部に埋めこまれているかのような振る舞いを陽子と電子はするのである．中性子は電荷をもたないが，これも自転によるスピンをもつことから内部に正負の両電荷が存在し，それらが磁気を生みだすと考えられる．

　水素原子は，図 2-6 からも想定されるように陽子の周囲を電子が 1 個公転している．陽子も電子もともにスピンと呼ばれる物理量をもっているが，これの成因が，これら粒子の内部に埋めこまれた小さな棒磁石から生じるのだと考えられているから，これら二つの棒磁石の向きが平行のとき，互いに反発し合うはずである．ところで，これら二つの小さな棒磁石が半平行，つまり逆向きの時は相互に引き合うはずで，棒磁石の向きが平行の時のほうが，反平行の時に比べてエネルギー的にみて不安定の状態にある．このように，平行だった棒磁石の向きが反平行になるとこうした不安定さがなくなるということは，エネルギーがより小さい状態に移ることを意味する．

　天の川銀河の空間には，水素が 1 cm^3 につき平均して 1 個ほど存在することが知られているから，何らかの機構により，陽子と電子のもつ小さな磁石が，時に平行の状態に移されたりすると，反平行であったほうが安定なのでほうっておかれると平行から反平行の状態に移行するはずである．その際，ごくわずかであるがエネルギーを電磁波として放射する．この電磁波の放射が天の川銀河の円板領域に集中して存在することが，1940 年代の後半にアメリカとオーストラリアの研究者らによって発見された．陽子と電子のスピンの状態の変化により 1421 MHz の電波（波長にしてほぼ 21 cm）が放射されたり，吸収されたりするのである．この電波を観測することにより，天の川銀河のアーム（腕）の構造が 1950 年代に入り明らかにされたのであった．

　宇宙物理学の研究対象は，宇宙空間の中で起こっている天文現象なのであるから，これらの現象が起こっている現場に行って調べることはほとんど不可能である．これらの現象が起こった現場から送り届けられる電磁波の特性を，観測によって現象の物理過程や当の現象を引き起こす機構を解き明かしていくのである．したがって，電磁波の放射と吸収の両機構について理解することがきわめて重要なのである．

2.4 粒子集団にみられる素過程

星の大気，内部，星間物質中のガスやチリなどはすべてそれらを構成する原子や分子の集団から成っている．したがって，これらの集団の物理的性質や運動について理解しておくことは，宇宙物理的諸現象を明らかにする上できわめて重要である．その際，これら集団の熱的性質を明らかにすることも不可欠である．

星の大気や内部の構造は，ある平衡の状態にあるものと考えて，温度や物質密度など物理的な状態について見積もることができる．星間物質についても同様である．しかしながら，星の大気中で発生する爆発現象や，星間ガスやチリから成る巨大分子雲の運動など，平衡の状態から外れていると思われるものもある．こうした物理状態について研究する場合，温度が10000 Kを超える星の大気や内部では，ガスがイオン化されプラズマ状態となっている．つまり，イオン化した原子や分子と電子との混合ガスとなっているのである．完全にイオン化されてはいない場合には中性のガスも入り混っているので，このガスの存在も考慮しなければならない．

イオン化した気体の物理学的な研究で最も基本的な場合は，この気体，つまりプラズマが熱エネルギー的に見て釣り合いの状態にある時の性質である．この状態は熱平衡の状態と呼ばれるが，このとき，プラズマを構成する粒子群は互いに個々の粒子の熱運動の平均エネルギーは等しくなっている．これが等分配の法則と呼ばれているもので，陽子と電子とから成る気体についてみると，陽子，電子の質量をそれぞれ m_p，m_e ととると，

$$\frac{1}{2} m_p \overline{v_p^2} = \frac{1}{2} m_e \overline{v_e^2} = \frac{3}{2} kT \tag{2-7}$$

となる．v_p，v_e はそれぞれ陽子と電子の運動速度である．式中の－（バー）は平均という意味である．また，k と T はそれぞれボルツマン定数，気体全体の温度（K，絶対温度）である．

この等分配の法則が成り立つようになっているとき，気体がその速度についてどのような分布をしているかについては，19世紀半ばにイギリスのマクスウェル（J. C. Maxwell）が研究し，オーストリアのボルツマン（L. Boltzmann）が完成した．この速度分布に関する理論的な結果は，マクスウェル・

ボルツマンの速度分布則と現在呼ばれている．この分布則は，気体が熱平衡の状態にある時に成り立つ．

熱平衡の状態にある気体は，外部の空間に向かってこの気体の温度で決まってしまう電磁放射をおこなう．この電磁放射の強さの波長分布は，プランク (M. Planck) の放射式で表されることが示されている．この放射式は，周波数をfとおくと，

$$u(f,T)\,df = 2\frac{f^2}{c^3}\frac{hf}{\exp(hf/kT)-1}df \qquad (2\text{-}8)$$

と表される．この式は，プランクの放射式と呼ばれ，式中のhはプランク定数，cは光速度である．kとTについては，前に説明した．

星の大気から外部空間に向けて放射される光の強さの周波数分布は，式 (2-8) で与えられるが，大気表面の単位面積，たとえば，1 m^2 あたりの総放射量は，この式を周波数fについて0から無限大まで積分することによりえられる．結果は，

$$J = \frac{\pi^2 k^4}{60\hbar^3 c^2}\cdot T^4 = \sigma T^4\,(\text{w/m}^2) \qquad (2\text{-}9)$$

となり，$\sigma = \dfrac{\pi^2 k^4}{60\hbar^3 c^2}$ はステファン・ボルツマンの定数と呼ばれている．また，$\hbar = h/2\pi$ である．

1章で，星の明るさ (L) についてふれたが，これは星からの電磁放射の総量のことであるから，$L = S\cdot\sigma T^4$ と，星の表面積をSとして表される．星の半径をRとすると，$S = 4\pi R^2$ である．このように，電磁放射の強さが放射体の温度だけで決まってしまう場合は，熱放射とか温度放射と呼ばれている．時に，プランク放射と呼ぶこともある．

前に電磁的な素過程の項でふれたシンクロトロン放射は，プランクの放射式には従わないので，非熱的放射という言い方がされることがある．

2.5 重力の作用

力の働きについては，表2-2に示したように四つめのものとして重力の働きがある．ほかの3力（三つの相互作用）が，電磁力の強さを1ととったとき，強い力はその約100倍，弱い力はその約100分の1と，これら3力の強さは，

物質の究極構造を決めるのにかかわることもあってか，相互に無視しえない働きがミクロな世界で起こっている．ところで，もう一つの力である重力は，電磁力と比べるとその強さは 40 桁にも達するほど弱く，ミクロな世界で重力の働きを考慮する必要は全然ないことがわかる．

このようにあまりにも弱い重力の作用も，星のような大質量の天体の下では十分に強くなり無視しえなくなる．というより，重力の働きが星の構造を決めてしまう，といったほうがよい．星がガス球として存在できるのは，このガス球が重力の働きで球状の構造をとるようになるからである．この重力に抗う作用がなかったらガス球とならないが，抗う力はガス球自身に由来するのである．それは，ガス球がもつ温度で，この温度が生みだすガス圧が重力による収縮に抗って，実はガス球を形成するのである．ガス球としての星が安定に存在できるのは，ガス球内の物質が生みだす重力と，これに抗うガス圧による力とが釣り合って，いわゆる重力平衡の状態にあるからである．

重力の働きは強さとしては大変に弱いのだが，広大な空間を超えて伝わるので太陽と地球の場合のように，この力の働きが地球の運動の秘密を解き明かしてくれるのである．また，この力の働きが，宇宙の構造の決定にまでかかわるのである．宇宙論と呼ばれる分野の研究に，アインシュタインが 1916 年に発表した一般相対論が宇宙の大規模構造の研究に用いられるのは，この理論が重力の本質の究明にかかわる理論だからである．

3. 星の構造と進化

　天の川銀河を初めとしたすべての銀河は，星々と星間空間に背景として広がり分布するガスやチリ，あるいはそれらの塊りとから構成されている．銀河にはいろいろな構造をしたものがあるが，それらを構成するのは今述べた星々を中心としている．星々は，私たちに光を送り届けてくるので，この光が示す性質を観測により分析し，星のもつ物理学的特性を明らかにする．これにより，星々のエネルギー源について，また，その内部構造がいかなるものかについて私たちは解き明かすことができる．

　星々の中には，周期的あるいは非周期的に明るさを変えるものがあり，こうした明るさの変化の研究から星の脈動と呼ばれる現象や，星の爆発といった一過性の突発的現象の成因が解き明かされる．しかしながら，星々の研究で重要なことは，星が輝く理由，言い換えれば，エネルギー源の解明で，これから星々がどのようにその物理状態を時間とともに変えていくか，つまり進化していくのかが辿れることになる．エネルギー源の解明は，必然的に星の内部構造と内部におけるエネルギーの伝達機構の解明につながるので，この方面の研究も精力的になされてきている．

3.1　星の構造―平衡の条件

　星は水素やヘリウムなどの元素の凝集した集団が作り出すガス球である．物質の集団は，物質自体が生み出す重力で，この集団は縮もうとする力の働きの下にある．この力に抗ってガス球という構造を形成し維持するには，この物質集団の構成成分が熱運動をおこなっており，それによる圧力が重力による収縮を押しとどめているからである．このようにして成り立つ釣り合いの状態を，重力平衡の状態にあるという．

　星は自転していない場合には，重力平衡の状態の下では中心に対し球対称と

34   3. 星の構造と進化

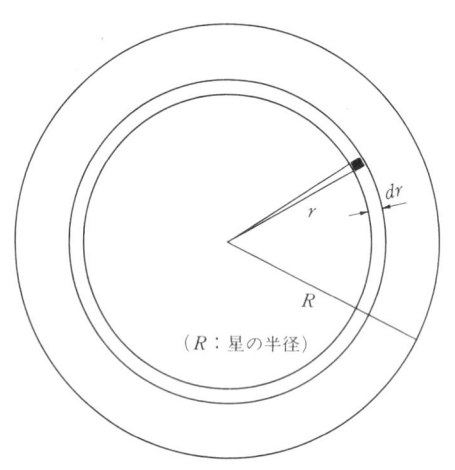

図 3-1 星の内部にとった座標系（星を球対称と仮定）[14]

なっている．したがって，この状態は，図 3-1 に示したように動径方向についてのみ数学的な表現の仕方を考えればよい．星の内部の中心から距離 r（動径）の位置における重力の強さは，ニュートンの法則に従うから，半径 r 以内の星の質量を $M(r)$ とおくと，図の微小距離 dr にある物質 $\rho(r)dr$ に働く重力の強さは，$-G\dfrac{M(r)}{r^2}\rho(r)dr$ と求められる．ここに，$\rho(r)$ は動径 r の点における質量密度である．この重力が，動径 $r, r+dr$ の 2 点におけるガス圧と放射圧の和の差に等しいとき重力平衡になるので，この差を $dP(r)$ ととると，次の式が成り立つ．

$$-\frac{dP(r)}{dr} = G\frac{M(r)}{r^2}\rho(r) \tag{3-1}$$

ただし，G は重力定数である．この圧力 $P(r)$ に対し，ガス圧と放射圧の和と述べたが，電磁放射も圧力も生じるので両者の和としたのである．

星の内部は大部分が水素核と電子とから成っているので，ガス圧 (P_g) は，水素核の質量を m_p，平均分子量を μ ととると，$P_g = \dfrac{k}{\mu m_p}\rho(r)T$ と与えられる．放射圧 (P_r) は，$P_r = \dfrac{1}{3}aT^4$ であることが熱学の理論から求められるので，全圧力 $P(r)$ は

$$P(r) = P_g(r) + P_r(r) = \frac{k}{\mu m_p}\rho(r)T(r) + \frac{1}{3}aT^4(r) \tag{3-2}$$

と求められる．式中の a は $4\sigma/c$ に等しいことが示されている．

　星の中心部から放射された電磁放射エネルギーは，内部を通じて伝達されるが，実は内部の至るところでこのエネルギーが生成されていると仮定すると，この生成されるエネルギー量 $dL(r)$ は，

$$dL(r) = 4\pi \varepsilon(r) \rho(r) r^2 dr \tag{3-3}$$

と求まる．式中の $\varepsilon(r)$ は，単位質量あたりの放射エネルギーの生成率である．また，厚さ dr 内の質量 $dM(r)$ は，$dM(r) = 4\pi \rho(r) r^2 dr$ と表せるので，$\varepsilon(r)$ は

$$\varepsilon(r) = dL(r)/dM(r) \tag{3-4}$$

と示すことができる．したがって，星の明るさ L は，次式で与えられる．

$$L = \int_0^L dL(r) = \int_0^M \varepsilon(r) dM(r) \tag{3-5}$$

この式における積分の上限 M は，星の全質量である．

　式 (3-3) に示した結果は，放射エネルギーの星の内部における伝達において，このエネルギー量は，$(r, r+dr)$ の球殻内における放射エネルギーの生成率 $\varepsilon(r)$ が0ならば一定の伝達量を保持することを示す．この伝達機構は，熱伝導によるか，対流によるかで，理論的な取り扱いの仕方が変わってくるが，この保持する性質については変わりがない．

　次に，放射圧 $P_r(r)$ について，半径 r の球面から外部へ伝達される放射エネルギーを $L(r)$，動径 r の点における単位質量あたりの電磁放射に対する吸収係数を $\kappa(r)$（質量吸収係数という）ととると，

$$-\frac{dP_r(r)}{dr} = -\frac{d}{dr}\left(\frac{a}{3}T^4\right) = \frac{\kappa(r)L(r)}{4\pi c r^2}\rho(r) \tag{3-6}$$

と $P_r(r)$ の動径方向に対する変化の割合が与えられる．この式と式 (3-1) とから，次の関係が求まる．

$$\frac{dP_r(r)}{dP(r)} = \frac{\kappa(r)L(r)}{4\pi c G M(r)} \tag{3-7}$$

この式は，全圧の変化率に対する放射圧のそれとの比が $L(r)/M(r)$ に関係し

ていることを示す．

今ここで次式で定義される新しいパラメータ（$\eta(r)$）

$$\eta(r) = \frac{L(r)}{M(r)} \bigg/ \frac{L}{M}$$

を用いると，次式が求まる．

$$\frac{dP_r(r)}{dP(r)} = \frac{\kappa(r)\eta(r)}{4\pi cG} \frac{L}{M} \tag{3-8}$$

$\eta(r)$ に用いた L，M はそれぞれ星の明るさ，星の全質量である．星の半径を R とおいたとき，$r=R$ で $P_r(R)=0$ となる境界条件をとり，$r=r$ から $r=R$ まで積分すると

$$P_r(r) = \frac{L}{4\pi cGM} \int_0^{P(r)} \kappa\eta \, dP(r) \tag{3-9}$$

という結果がえられる．ここで，$\kappa\eta$ の平均値 $\overline{\kappa\eta}$ を次式のように表すとすると，

$$\overline{\kappa\eta} = \frac{1}{P(r)} \int_0^{P(r)} \kappa\eta \, dP(r)$$

となり，この結果を用いると，

$$P_r(r) = \frac{L}{4\pi cGM} \overline{\kappa\eta} P(r) \tag{3-10}$$

この式で，$P_r(r)$ と $P(r)$ に対し，その比 $P_r(r)/P(r) = 1-\beta$ とおくと，この式から

$$L = \frac{4\pi cGM}{\overline{\kappa\eta}}(1-\beta) \tag{3-11}$$

という関係がえられる．

いま求めた式（3-11）から，$\beta=0$ のとき，星の明るさが最大となることがわかる．このとき，星には放射圧しか存在しないので，星は爆発的に膨張してしまうはずである．言い換えれば，$\beta=0$ ととれるような星は原理的に存在しえない．このことは，星の明るさ $L_{\text{crit}} = 4\pi cGM/\overline{\kappa\eta}$ が，星がもちうる最大光度，つまり最大の明るさを与えることを意味する．この L_{crit} は，エディントン（A. S. Eddington）の限界光度と呼ばれている．この限界光度が実際にどれほどであるかについては，κ および η について知らなければならないので，すぐ

には答えられない．

星の内部構造が平衡に維持されるためには，重力平衡と放射の伝達の定常性，言い換えれば，放射平衡の条件が成り立っていなければならないのである．

今ここで，式（3-6）を書き換えると

$$\frac{dT}{dr} = -\frac{3\kappa(r)L(r)}{16\pi acT^3 r^2}\rho(r) \tag{3-12}$$

と変型でき，熱エネルギー伝達の式とできるから，そのようにさらに書き換えると次式のようになる．

$$-4\pi r^2\left(\lambda\frac{dT}{dr}\right) = L(r) \tag{3-12}'$$

この式の左辺は，温度勾配 dT/dr の下での球面上での熱エネルギーの伝達を表すから，$\lambda = 4acT^3/3\kappa(r)\rho(r)$ は，半径 r の球面上の位置における熱伝導度である．このことは，星の内部では，放射エネルギーが主に吸収と再放射に基づく熱伝導の形で外側へ向かって輸送されていくことを示している．

星の内部の大よその状態がどのようなものか見積もるために，星の内部の質量密度が一定であったと仮定してみよう．すると，$\rho(r) = \rho$（$=$ const）であるから

$$M(r) = \frac{4\pi}{3}\rho r^3$$

となる．この結果を式（3-1）に代入し，$r=0$ のとき $P=P_c$，$r=R$ で $P=0$ とする境界条件の下に積分すると

$$P_c = \frac{2\pi}{3}G\rho^2 R^2 \tag{3-13}$$

という式がえられる．星の全質量 $M=(4\pi/3)\rho R^3$ を用いて，ρ を消去すると

$$P_c = \frac{3G}{8\pi}\frac{M^2}{R^4} \tag{3-14}$$

この圧力がガス圧のみから成るとすると，$P_c = (k/\mu m_\mathrm{p})\rho T_c$（$T_c$ は中心温度）と表せるから

$$T_c = \frac{\mu m_\mathrm{p}}{k} \frac{1}{2} G \frac{M}{R}$$

$$= 1.14 \times 10^7 \, \mu \, \frac{M}{M_\odot} \frac{R_\odot}{R} \qquad (3\text{-}15)$$

と，星の中心温度 (T_c) が求められる．表 1-2 に示してあるように，$M_\odot = 1.99 \times 10^{30}$ kg, $R_\odot = 6.960 \times 10^8$ m ととった．この式から，太陽の中心温度は 1.14×10^7 K より高いことが推論される．このようにいうのは，星の質量密度は，表面から中心に向かうにつれて急速に高くなっていくはずだからである．

3.2　星の大気

　星は自己重力の下に凝集した水素，ヘリウムを主成分とした気体（ガス）から成るいわゆるガス球である．したがって，星の大気という場合でも，地球の場合のように大地と大気の区別があるわけではない．ガス球の外層部が大気と呼ばれているのであって，大気と星の内部と私たちが呼ぶ領域との間に厳格な境界は存在しないのである．ここでは，星から放射される光の大部分が生成され，外部の空間へと放射される領域を星の大気層だと想定することとする．

　放射される電磁エネルギーの大部分が生成され外部の空間へと放射されていく大気層は，熱平衡の状態にあると仮定すれば，この大気層の表面から放射されていく放射エネルギーは単位面積あたり σT^4 で与えられる．この式で，σ はステファン・ボルツマン定数であり，T は大気の温度である．また，この放射の周波数分布はプランク放射で与えられ，この温度と単位面積あたりの放射と放射の波長の3者の関係について，温度をパラメータにとって示すと，図 3-2 にみられるように，温度が高くなるに応じて放射率の最大となる波長は短い側へと移行する．したがって，周波数に対しては高い側へと移っていく．

　この図に示した放射エネルギーの強さに対する波長分布は，連続した滑らかな曲線だが，実際に観測されるのは，電磁放射を生成する大気層の外側に相対的に温度が低い大気層による多数の決まった波長帯の電磁波の吸収から生じた暗線，つまりフラウンホーファー線である．もし反対に，もっと温度の高い領域が外側に形成されている場合には，輝線が生じるのが観測される．暗線については，たとえば，図 3-3 に示すように，いろいろな大気の構成分から生じ

3.2 星の大気　39

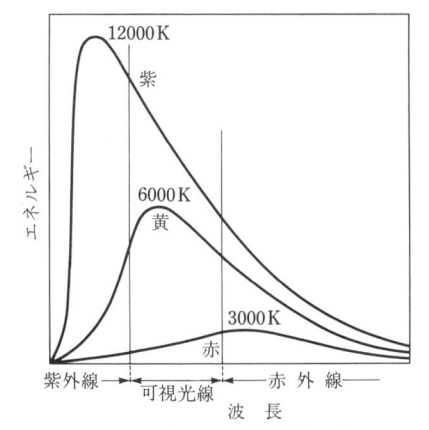

図3-2 星の表面（大気）からの熱放射に見られる温度特性

るものが重なり合って観測される．

　星から送り届けられてくる光は，その大気の温度で決まる熱放射の機構から予想される波長分布を光の強さについて示す．吸収線，あるいは暗線は，この波長分布から光が吸収された分だけ減少しており，図3-3に示したように実際の波長分布がなるのである．暗線ができるのは，熱放射を発する大気の温度に比べて温度がさらに低い大気層が外側に存在することを意味する．この低温領

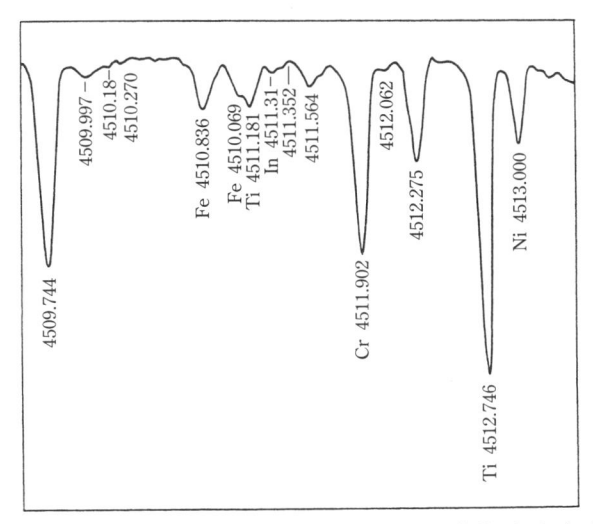

図3-3 星からの熱放射に見られる吸収スペクトルの特性（一部を示す）[8]

域を光が通過する時にそこにあるいろいろな原子や分子に吸収されることから，暗線が生じるからである．

このことは，輝線が生じるのには希薄な高温大気が存在し，その中の原子や分子が自ら光を放射する機構があることを示す．暗線や輝線の強さは，これらの線を作りだす原子や分子の存在量に深くかかわっているので，これらの線の分析から光を放射する大気の化学組成について私たちは明らかにできるのである．

大気の構造について，太陽の場合，どのようになっているかを見ると，温度は光球と呼ばれる大気の外層部で，最低温度となる領域は，放射エネルギーの大部分が放射される 5780 K （〜6000 K）の外側に形成されている．この領域の温度は 4300 K ほどと推定されている．物質密度については，水素（陽子），電子ともに，数密度は，内部から光球を越えて外側まで単調に減少している．太陽大気中の温度と物質の数密度の両者について，その動径に対する変化を図

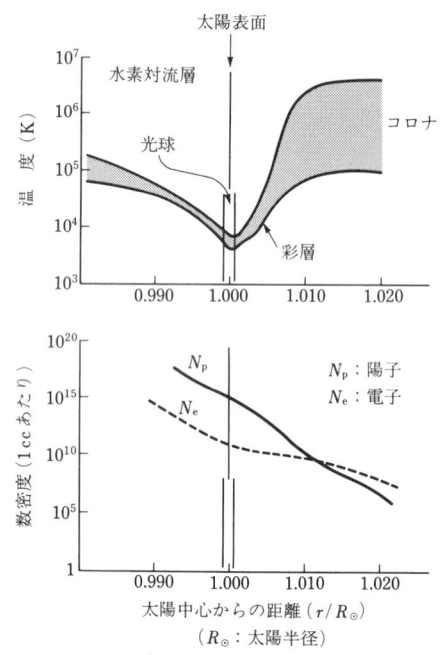

図 3-4 太陽の光球付近におけるガス密度と温度の動径方向分布

3-4 に示しておく．太陽の場合，光球の外側に形成されている彩層から温度は急上昇を始め，コロナの温度は 10 万 K から 100 万 K を超える超高温となっている．コロナがこのような高温に維持されている理由は多くの研究者により研究されてきているが，解決されたとはまだ考えられていないのが実状である．

　光球の表面付近から光が放射されているので，絶えず放射エネルギーが外部空間へ向けて失われており完全な熱平衡の状態にはない．しかし，放射エネルギーの強さの周波数分布は，プランク放射から導かれるものとほとんど同じなので，熱平衡の状態に光球が維持されているものと考えてよい．それゆえ，光球の大気のイオン化（電離）の状態も，熱平衡の状態から推測されるものとなっているはずである．つまり，イオン化（電離）も平衡状態にあると考えてよい．

　イオン化（電離）の状態に関しては，インドのサハ（M. Saha）によって 1921 年に導かれた，いわゆるサハの電離式がある．原子 A とそのイオンとの数密度をそれぞれ N，N^+，電子の数密度を N_e ととり，電離平衡の定数を K ととると，次式が成り立つ．

$$\frac{N^+ N_e}{N} = K \tag{3-16}$$

この K は，大気の温度 T のみに依存して決まる関数である．ここで，原子のイオン化（電離）ポテンシャルを χ_1 ととると，この式の右辺は統計力学の理論から次のように表される．

$$\frac{N^+ N_e}{N} = \frac{q^+ q_e}{q} \left(\frac{2\pi m k T}{h^2}\right)^{3/2} \exp(-\chi_1/kT) \tag{3-17}$$

この式で，q，q^+，q_e はそれぞれ N，N^+，N_e の統計的重みで許される状態の数である．電子はスピンに対し二通りの状態が許容されるので，$q_e = 2$ ととれる．この式 (3-17) がサハの電離式で，星の大気内における種々の原子のイオン化（電離）について知るのに重要な役割を果たす．

　たとえば，5 価にイオン化（電離）した酸素の密度 N^{5+} に対しては，式 (3-17) を用いて次のような手続きにより求めることができる．

$$\frac{N^{5+} N_e}{N} = \frac{N^{5+}}{N^{4+}} \frac{N^{4+}}{N^{3+}} \frac{N^{3+}}{N^{2+}} \frac{N^{2+}}{N^+} \frac{N^+}{N} N_e$$

$$= \frac{q^{5+}q_e}{q}\left(\frac{2\pi mkT}{h^2}\right)^{3/2} \cdot \exp(-\chi_5/kT) \qquad (3\text{-}18)$$

この式にみえるχ_5は，5価電離するのに必要なイオン化（電離）ポテンシャルである．このようにイオン化（電離）が平衡状態にある時に，この電離式を用いていろいろな原子のイオン化（電離）について知ることができるのである．

電離度（χ）は，

$$\chi = \frac{N^+}{N+N^+} \qquad (3\text{-}19)$$

と定義されるから，式（3-17）は次のように変形できる．

$$\frac{N^+ N_e}{N} = \frac{\chi}{1-\chi} N_e = \frac{q^+}{q} \cdot 2\left(\frac{2\pi mkT}{h^2}\right)^{3/2} \cdot \exp(-\chi_1/kT) \qquad (3\text{-}17)'$$

この式で，χ_1をeV単位で表し，電子の分圧$P_e = N_e kT$を用いこの式の対数をとると，

$$\log\left(\frac{\chi}{1-\chi}P_e\right) = -\frac{5040}{T}\chi_1 - \frac{5}{2}\log T - 0.48 + \log\frac{2q^+}{q} \qquad (3\text{-}20)$$

という式が求まる．この式によって，太陽大気中のナトリウム（Na）の電離状態を調べてみよう．$T = 5780$ K，$P_e = 10$ bar（$\fallingdotseq 10000$ hPa），$\chi_1 = 5.14$ eV，$q = 2$，$q^+ = 1$という数値を用いると，$\chi/(1-\chi) = N^+/N = 2.45 \times 10^3$となるので，電離度$\chi$はほとんど1になるから，ほぼ完全にイオン化（電離）していると考えてよい．水素の場合には，$\chi_1 = 13.6$ eVと大きいので，水素はほとんどイオン化（電離）されていないことがわかる．

　星にはいろいろな色のものがあるが，肉眼で見たとき，大部分の星は白っぽくなっている．しかし，図3-2に示した例からわかるように，太陽の光球よりも高い温度の大気の星は，紫側の光が強くなるので青白く見えるようになる．逆に太陽の光球に比べ温度が低い大気の星では，赤っぽく見えるようになる．このように，星の表面温度によって星の色が変わっていくことから，星の放射エネルギーの総量を決める温度のことを時に色温度（color temperature）と呼ぶことがある．

3.3 エネルギーの伝達機構

　星はその外層の大気層から，放射エネルギーを周囲の空間に向かって絶え間なく放射している．このことは，星の内部で創生されたエネルギーが電磁放射として，星の表面にまで伝達されていることを示している．星の内部にはエネルギーの伝達機構が働いているというわけである．放射されたエネルギーは星に戻ることがなく，周囲の空間へと送りだされてしまうから，星の内部にはエネルギーの生成機構が存在していなければならない．しかも，外部からのエネルギーの流入がないから，この生成機構は星自体が固有にもつものだということになる．

　前に，式(3-3)で単位質量あたりの放射エネルギー生成率 $\varepsilon(r)$ についてふれたが，これを星全体の質量について積分した結果が，式(3-5)に示したように星の明るさ，つまり光度を与える．星の内部で生成された放射エネルギーは星の表面へと伝達されて，そこから電磁エネルギーとして外部の空間へと放射されていくが，その伝達の機構は，式(3-12)′に示したように星の内部における温度勾配によって決まる．したがって，放射エネルギーは熱伝導によって伝達されるようになっている．

　放射エネルギーは，吸収と再放射のくり返しによって内部から徐々に外部へと伝達されていくが，式(3-12)，または式(3-12)′に示されているように，星の中心から外側に向かう温度勾配が基本的な役割を果たす．それゆえ，この温度勾配の大きさにより，熱伝導による伝達に比べて伝達の割合がより良くなるエネルギーの輸送機構が考えられることになる．それは，動径方向における温度の断熱勾配の大きさにかかわっている．

3.4 対　流

　星の内部が静的な状態にあり運動していない場合，放射エネルギーは式(3-12)か(3-12)′の温度勾配の下に熱伝導によって輸送される．ところが，この温度勾配の大きさ，つまり絶対値 $|dT/dr|$ がこれらの式で与えられる値より大きくなると，言い換えれば，次式のような場合には

$$|dT/dr|_{(3-12)} < |dT/dr|_{\mathrm{str}} \qquad (3\text{-}21)$$

放射平衡の状態が維持できなくなり，エネルギーは気体の流れ，つまり対流により輸送されるようになる．上式 (3-21) の右辺の添字 str は structure の略記号で，大気の構造に実際に生じている温度勾配を意味している．

対流の発生は，いま見たように温度勾配の大きさにかかわっているが，大気を構成する気体の動径方向に対する断熱変化の大きさより式 (3-21) の右辺は小さいから，断熱変化による温度勾配

$$\frac{dT}{dr} = \left(1 - \frac{1}{\gamma}\right) \frac{T}{P} \frac{dP}{dr} \tag{3-22}$$

を上式に代入すると，対流に対する安定の条件は

$$-\left(1 - \frac{1}{\gamma}\right) \frac{T}{P} \frac{dP}{dr} > -\frac{dT}{dr} \tag{3-23}$$

で与えられることがわかる．上 2 式中の γ は比熱比（$\gamma = c_P/c_v$）である．

いま求められた結果は，星の大気が動径方向の対流に対し安定であるためには，断熱温度勾配の大きさが実際の温度勾配に対して小さくなければならないことを示している．したがって，式 (3-12) を用いると，対流に対する安定条件は次式のようになる．

$$-\frac{3}{4ac} \frac{\kappa \rho}{T^3} \frac{L(r)}{4\pi r^2} > \left(1 - \frac{1}{\gamma}\right) \frac{T}{P} \frac{dP}{dr} \tag{3-24}$$

ここで，重力平衡の場合に成り立つ式 (3-1) を考慮して，圧力勾配 dP/dr を消去し，少し変形するとこの安定条件は，明るさ $L(r)$ に対し，以下の式のようになる．

$$L(r) < \frac{16\pi ac}{3\kappa} G \left(1 - \frac{1}{\gamma}\right) \frac{T^4}{P} M(r) \tag{3-25}$$

これら 2 式の中の κ, ρ, T, P はすべて中心からの距離 r における値である．

太陽大気の場合には，図 3-5 に示すように，光球面には粒状斑 (granule) として知られる対流渦の存在が認められる．この結果は，光球の表面付近の大気の温度勾配が対流不安定を引き起こす条件を満足する状態になっていることを示している．

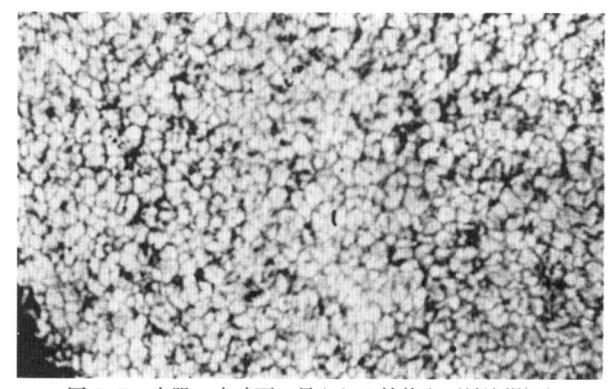

図 3-5　太陽の光球面に見られる粒状斑（対流渦）[11]

3.5　熱核融合反応（熱核反応）

　星は瞬時も休むことなく，電磁エネルギーを外部の空間に向けて放射している．放射されたエネルギーは，電磁波として宇宙空間を伝播した後に，元の星に戻ってくるということはない．この放射されて後，星に戻ることのない放射エネルギーの生成源がいかなるものかについて，これから探っていく．

　このいわゆるエネルギー源がどれほどの効率のものであり，どれほどの期間にわたって持続するものかについて，太陽についてまず考えてみよう．表1-2から，太陽を作る物質1gに対する平均のエネルギー生成率（ε）は，

$$\varepsilon = \frac{L_\odot}{M_\odot} = 1.92 \text{ erg/g·s} \tag{3-26}$$

と与えられる．太陽の年齢はほぼ46億年と現在見積もられているので，誕生から今日に至るまでの間に太陽が生成したエネルギーは，物資1gにつき約 2.8×10^{17} erg（$= 2.8 \times 10^{10}$ J）となる．この大きさは，1メガワットの出力の発電所が約10時間にわたって運転された時の発生電力に相当する．たった1gの物質で，これだけ大量のエネルギーを生成する機構は，原子核エネルギーの解放以外には存在しないことが1920年代に入って後，急速に発達した原子核物理学によって明らかにされたのであった．

　1905年にアインシュタインにより，物質のもつ質量とエネルギーとの間に，ある等価関係の成り立つことが明らかにされ，物質1gがすべてエネルギーに変換されたとすると，$10^{-3} \times c^2$（cは光速度，ほぼ30万km/s）J，すなわち9

$\times 10^{13}$ J（$=9\times 10^{20}$ erg）に達する．したがって，何らかの機構で物質の消滅によりエネルギーを取りだすことができれば，星のエネルギー源に関する問題は解けてしまうことになる．先鞭をつけたのはアトキンソン（R. Atkinson）とハウターマンス（F. G. Houtermans）で，水素核同士の融合による物質消失による原子核エネルギーの解放がとりあげられた．

図1-10に示した宇宙の元素組成のグラフを見ると，この宇宙，したがって，星を構成する元素の中で最も多い元素から，先に見た原子核の融合によって生成しうる元素は，水素核4個からヘリウム1個を合成する過程ではないかとの見当がつく．この過程について示唆したのはガモフ（G. Gamow）であったが，この核融合反応について正しい推論に辿りついたのは，ベーテ（H. Bethe）とヴァイツェッカー（C. von Weizsäcker）であった．核融合により消滅する物質量は，水素核4個がヘリウム核1個を形成するのに必要な結合エネルギーに相当する．この結合エネルギーと等しい量のエネルギーが，したがって，原子核エネルギーとして解放されることになる．

水素核4個からヘリウム核1個を合成する時に失われた質量が原子核エネルギーとして解放され，これが星のエネルギー源となっているとする機構は，先に引用した二人によって1938年に提案された．この機構は現在，CNOサイクルと呼ばれている熱核融合反応で，もう一つの相対的に軽い星内ですすむ水素核4個からヘリウム核1個を合成する過程は，陽子・陽子連鎖反応（proton-proton chain reaction）と呼ばれている．これらはガモフが1930年代に示唆して以来，20年ほど後の1958年にサルピター（E. Salpeter）により，太陽のような比較的軽く中心温度の低い星で有効であることが示されたのであった．この陽子・陽子連鎖反応には三つの競争過程が存在することが現在では明らかにされている．

熱核融合反応という言い方は，反応する原子核が有効温度1000万K以上に相当する"熱い"核となっていることに由来する．この反応について，ここで少し立ち入って考えてみよう．水素核，つまり陽子は正の電荷をもっているから，それに近づいてくる他の陽子は電気的な反発力（斥力）を受けることになる．しかし，この力の働きをかいくぐって陽子の半径と同じくらいの距離（$\sim 10^{-13}$ cm）以下にまで接近すると，核力と呼ばれる引力が働くようになる．

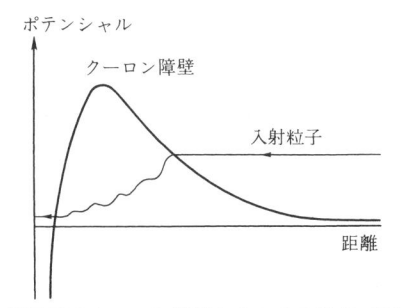

図 3-6 原子核のクーロン障壁とトンネル効果（模式図）[14]

その様子を接近してくる陽子に対するエネルギー，つまりポテンシャルについて描いてみると図 3-6 に示すようになる．この接近してくる陽子のエネルギーがクーロン障壁を形成するポテンシャルより低ければ，この障壁を通過することができないはずであるが，ガモフにより理論的に明らかにされたように，確率は小さいながら障壁の内側へ入る場合がある．その確率は $\exp(-bE^{-1/2})$ に比例することが示されている．この式で，b は定数であり，E は陽子の運動エネルギーである．

星の中心部は 1000 万 K を超えるような高温なので，あらゆる原子が完全に電離しておりプラズマ状態にある．原子の大きさと原子核のそれとを比べると，後者は前者の 10 万分の 1 ほどしかないので，このプラズマは理想気体（完全気体ともいう）の状態にあると近似できる．このような気体は $\exp(-E/kT)$ に比例するような分布則にしたがうから，核融合の効率は両者の積，

$$\exp(-E/kT - bE^{-1/2})$$

に比例すると予想される．この結果を図示すると図 3-7 のようになる．この積は最大値となる中心のエネルギーを E_0 とし，その平均値（エネルギー E_0 の $1/e$ となる範囲）を $\Delta E/2$ とおくと

$$\exp\left(-\frac{E}{kT} - \frac{b}{\sqrt{E}}\right) \sim \exp\left(-\frac{E_0}{kT} - \frac{b}{\sqrt{E_0}}\right) \exp\left(-\frac{E - E_0}{\Delta E/2}\right) \tag{3-27}$$

という結果が導かれる．

熱核融合反応の能率は，この式に標的となる陽子の大きさ（断面積という）に対し，単位時間に衝突する陽子数を掛けて求められる．このようにして，い

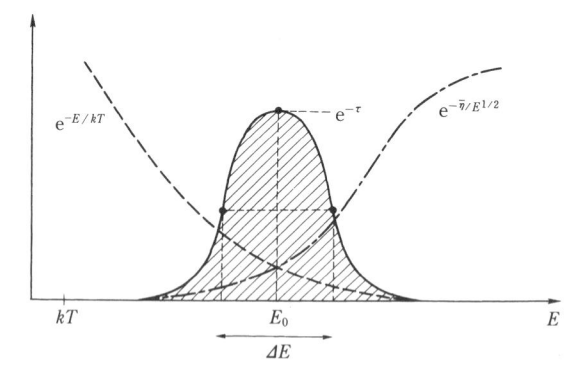

図 3-7 星の中心部における原子核（この場合は陽子）の速度分布と核反応の断面積との積 $\Delta E/2$ の範囲内で相対的に効率よく核反応が起こる)[14]

くつかの段階を経て水素核，つまり陽子 4 個からヘリウム核を合成する反応について，理論的にこの能率が計算できることになる．反応断面積については，熱核融合反応に関与する陽子その他の原子核のエネルギーが相対的に低いこともあって理論的に決定することが難しいため，カリフォルニア工科大学のファウラー（W. A. Fowler）を中心に実験的に決める研究がすすめられてきている．

陽子・陽子連鎖反応と CNO サイクルは，どちらも水素核（陽子）4 個を最終的にはヘリウム核 1 個に合成する過程であるが，表 3-1 に示すように本質的な相異がある．また，前者は相対的に質量の小さな星，言い換えれば中心温度の低い星で，後者よりも効率がよいが，質量の大きな星では後者のほうが効率がよくなる．両者の効率がどのように中心温度とともにどう変わるかについて，図 3-8 に示しておく．

1 章で星々の分光スペクトル型について示したが，ここで星の質量，表面温度，明るさ（光度），それに星としての寿命について表 3-2 にまとめておく．ここで寿命という言い方をしたが，中心部における水素核を使い尽す時間と考えてよい．全質量の大よそ 10 分の 1 の水素核が熱核融合反応に利用されるものと現在考えられている．

表 3-1 星内ですすむ熱核融合反応（主系列の場合）

(1) 陽子・陽子連鎖反応

最初の反応

 pp 過程 $_1^1H + {_1^1H} \rightarrow {_1^2H} + e^+ + \nu_e$

または

 pep 過程 $_1^1H + e^- + {_1^1H} \rightarrow {_1^2H} + \nu_e$

ついで

      $_1^2H + {_1^1H} \rightarrow {_2^3He} + \gamma$

三つの競争過程

 PP I $_2^3He + {_2^3He} \rightarrow {_2^4He} + 2{_1^1H}$

 PP II $_2^3He + {_2^4He} \rightarrow {_4^7Be} + \gamma$

      $_4^7Be + e^- \rightarrow {_3^7Li} + \nu_e$

      $_3^7Li + {_1^1H} \rightarrow 2{_2^4He}$

 PP III $_4^7Be + {_1^1H} \rightarrow {_5^8B} + \gamma$

      $_5^8B \rightarrow {_4^8Be} + e^+ + \nu_e$

      $_4^8Be \rightarrow 2{_2^4He}$

(2) CNO サイクル

$$\begin{array}{ccc}
{_7^{15}N} + {_1^1H} \rightarrow {_6^{12}C} + {_2^4He} & & \\
\uparrow & & \downarrow \\
{_8^{15}O} + e^- \rightarrow {_7^{15}N} + \nu_e & & {_6^{12}C} + {_1^1H} \rightarrow {_7^{13}N} + \gamma \\
\uparrow & & \downarrow \\
{_7^{14}N} + {_1^1H} \rightarrow {_8^{15}O} + \gamma & & {_7^{13}N} + e^- \rightarrow {_6^{13}C} + \nu_e \\
\nwarrow & & \swarrow \\
{_6^{13}C} + {_1^1H} \leftarrow {_7^{14}N} + \gamma & &
\end{array}$$

(1)，(2)に示した両反応過程は，結局は，4個の水素核（陽子）から1個のヘリウム核を合成し，核エネルギーを γ 線として放出し，副産物として，2個の電子ニュートリノを生成するのである．

50 3. 星の構造と進化

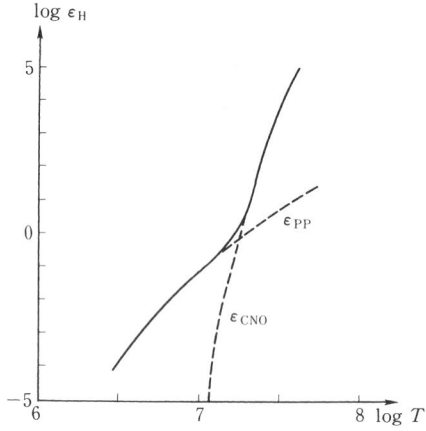

図 3-8 陽子・陽子連鎖反応と CNO サイクルの両効率に対する温度特性[14]

表 3-2 星々の質量（分光スペクトル型）と寿命（一生の長さ）との関係（ウンゼルトによる）

スペクトル型	表面温度 (K)	質量*	光度*	寿命（進化時間，年単位）
O7.5	38,000	25	80,000	2×10^6
B0	33,000	16	10,000	1×10^7
B5	17,000	6	600	7×10^7
A0	9,500	3	60	3×10^8
F0	6,900	1.5	6	1.7×10^9
G0	5,800	1	1	7×10^9
K0	4,800	0.8	0.4	14×10^9
M0	3,900	0.5	0.07	50×10^9

* 太陽の場合を1とする

3.6 太陽ニュートリノ問題

　図 1-10 に示したように，太陽も他の星々も，また，星間ガスも皆，その化学組成は互いによく似たものであることが知られている．この宇宙に最も豊富に存在する水素を，星々はエネルギー源としてまず利用するのが最も妥当だと考えられることから，表3-1にまとめて示したように，二つの競争的な熱核融合反応が星の中心部ですすんでいると想定するのは当然のことであろう．このように考えることの妥当性については，たとえば，太陽の中心部ですすんでいると想定した水素核4個からヘリウム核1個を合成する過程が実際に起こって

3.6 太陽ニュートリノ問題

いることを，何らかの手段により明らかにしなければならない．

太陽の場合には，陽子・陽子連鎖反応がエネルギー源となっていると推測されているから，この反応が太陽の中心部で起こっているとしたら，結局は下記のような反応が進行しているはずである．すなわち，

$$4\,{}^{1}_{1}\text{H} \rightarrow {}^{4}_{2}\text{He} + 2\text{e}^{+} + \nu_{e} + \gamma \tag{3-28}$$

表 3-1 に示した陽子・陽子連鎖反応には，三つの競争過程があるが，どれもこの式 (3-28) に記した形式の過程が最終的には起こっていることになる．この式で，γ は解放される原子核エネルギーで 28.6 MeV に達する．

太陽の中心部で実際に陽子・陽子連鎖反応が起こっているのかどうかを検証する試みは，アメリカのレイモンド・デーヴィス (R. Davis, Jr.) により，表 3-1 の中の PP III 過程で創生された相対的に高エネルギーの電子ニュートリノ (ν_e) を捕える実験的観測から始まった．彼による方法は，このニュートリノが塩素の同位体 (${}^{37}_{17}\text{Cl}$) と反応して，アルゴン (${}^{37}_{18}\text{Ar}$) を生成する過程を利用するものであった．

$$\nu_{e} + {}^{37}_{17}\text{Cl} \rightarrow {}^{37}_{18}\text{Ar} + \text{e}^{-} \tag{3-29}$$

この式で，e⁻ は電子である．この反応は，電子ニュートリノのエネルギーが 0.81 MeV より高くないと起こらないので，PP III 過程からの電子ニュートリノだけが上記の反応を起こすのである．

陽子・陽子連鎖反応から創生される電子ニュートリノの地球公転軌道におけるフラックスは，バコール (J. N. Bahcall) ほかの人たちにより，詳細な理論的検討に基づき図 3-9 に示すように計算結果が求められている．1964 年頃から予備的な実験が，サウスダコタ州リードにあるホームステイク金鉱の地下 1480 m の深さの場所に，直径 6 m，長さ 14.4 m の円筒型をした容器に 3000 トンのパークロロエチレン (C_2Cl_4) をつめて始められ，1970 年代初めから太陽から到来する電子ニュートリノのフラックスについて信頼しうる観測結果が出始めた．

式 (3-29) の反応により生成された ${}^{37}_{18}\text{Ar}$ は放射性で，半減期 35 日でベータ崩壊により元の塩素 (${}^{37}_{17}\text{Cl}$) に戻ってしまう．したがって，35 日以上の長い

52　3. 星の構造と進化

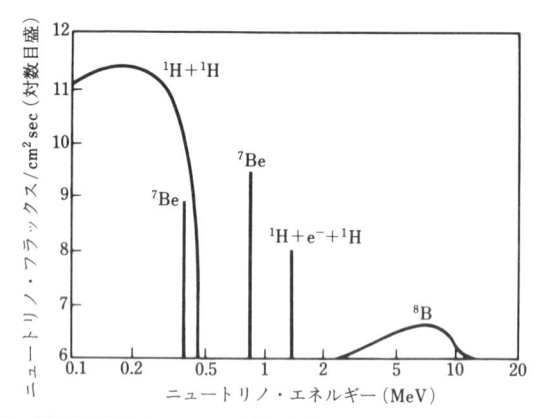

図3-9 陽子・陽子連鎖反応の三つの競争過程から生成される電子ニュートリノの地球軌道におけるフラックス（電子ニュートリノ数/cm²・sec）

期間にわたって観測装置を働かせ続ければ，このアルゴンの生成と崩壊が釣り合いの状態となるので，この時に $^{37}_{18}$Ar を取りだせば，太陽から地球に届いている電子ニュートリノのフラックスがどれほどかわかることになる．デーヴィスが20年あまりの長期にわたって測定してきた結果を，$^{37}_{18}$Ar の1日あたりの生成率について示すと，図3-10のようになっている．この図を見て直ちに気づくことは，この生成率が波打つように時間的に変動していることである．周

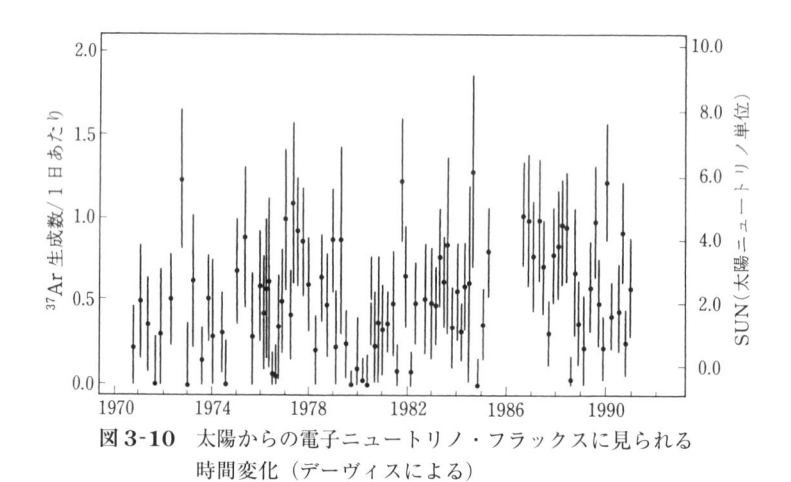

図3-10 太陽からの電子ニュートリノ・フラックスに見られる時間変化（デーヴィスによる）

期解析の結果によると，この変動性の周期は約26カ月と，2年より少しだけ長いことが明らかにされている．

　太陽の中心部で創生された後，外部の空間へと放射されていく電子ニュートリノを捕まえる試みは，デーヴィスの場合と同様に PP III 過程からの電子ニュートリノについては，東京大学宇宙線研究所のグループによる KAMIOKANDE III，カナダのサドベリーにおける SNO の二つの実験装置が現在稼働している．表3-1の中の最初の反応，pp 過程で生成される電子ニュートリノに対しては，ドイツの GALLEX，アメリカ・ロシアの協同プロジェクト SAGE の二つの実験グループが検出を試みている．これらの研究グループによる測定結果はすべてデーヴィスらの結果と矛盾していない．

　しかしながら，これらの測定結果はすべて，太陽の内部構造に関する標準モデル（standard model）から予想される電子ニュートリノのフラックスに比べて，1/3から1/2ほど実測値のほうが小さい．いま，標準モデルという言い方をしたが，それは太陽の内部構造が図3-11に示したように，重力的平衡にある中心部のコアと輻射（放射）輸送域と，太陽半径の6分の1程度の深さの対流層から成るというものである．太陽の光球面に現れる黒点群，その他の現象は，地球にいろいろな影響を及ぼす乱れの現象を生みだすが，これらはすべて対流層内に原因がある．

　太陽から地球に届く電子ニュートリノのフラックスが，標準モデルから期待

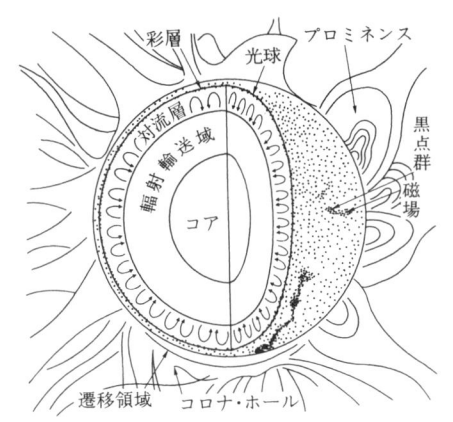

図 3-11　太陽内部の構造．三つの主要な層から成る[14]

されるものより少ないのはなぜかという疑問については，いろいろな解釈がなされてきたが，現在最も妥当なものとして受け入れられている解釈は以下に示すようなものである．電子ニュートリノ，ミューオン・ニュートリノ，それにタウ・ニュートリノ（表2-1を参照）の3種のニュートリノすべてが，ごくわずかながら質量をもっており，これらニュートリノ間で互いに入れ換わるニュートリノ振動（neutrino oscillation）という現象が起こるために，太陽から地球にまで飛来する間に，ほぼ2/3だけ電子ニュートリノが他の2種のニュートリノに変わってしまっている，というのである．現在，この解釈が多くの人々によって受け入れられている．

3.7 星の誕生―原始星

星々にはそれぞれ誕生の歴史がある．天の川銀河の円板領域には，星を生成する材料である星間物質が大量に存在しており，それらが巨大な分子雲を形成して星間空間を漂っている．これらの分子雲の周辺には，誕生したばかりの若い星々がたくさん群がっているのが現在では見つかっている．これらの分子群の温度は大変に低く 10 K かそれ以下と推定されている．ガス密度は高いところでも水素にして 10^3 個/cm^3 かそれ以下だと見積もられているが，この密度には粗密が生じ，密度の高いところへ弱いながら重力の働きでガスやチリが徐々に集積していくものと考えられる．ゆっくりとした重力による収縮がすすむのであろう．

ここで，質量 M で半径が R の球状をした分子雲を想定し，その挙動について考えてみよう．中心から半径 r の内部における質量を $M(r)$ ととり，その点における質量密度と温度をそれぞれ ρ，T とすると，この分子雲が重力的に釣り合っている場合には，「3.1 星の構造―平衡の条件」の節でみたように次式が成り立つ．

$$-\frac{dP}{dr} - G\frac{M(r)}{r^2}\rho = 0 \qquad (3\text{-}29)$$

この式で，P はガス圧，G は重力定数である．

上式で，左辺第2項の絶対値が第1項のそれに比べて大きい場合には，この分子雲は重力的に収縮する．分子雲を等温の理想気体と仮定するとこの収縮の

条件は，

$$G\frac{M}{R^2} > \frac{kT}{\mu m_{\mathrm{p}}}\frac{1}{\rho}\left|\frac{d\rho}{dr}\right| \tag{3-30}$$

と求められる．$|d\rho/dr| \sim \rho/R$ と仮定し，ガスが等密度であったと仮定すると，

$$\begin{aligned}M_{\mathrm{crit}} &= \left(\frac{kT}{\mu m_{\mathrm{p}} G}\right)^{3/2}\left(\frac{3}{4\pi}\right)^{1/2}\frac{1}{\rho^{1/2}} \\ &\fallingdotseq \frac{T^{3/2}}{\rho^{1/2}}\cdot\frac{1}{2}\left(\frac{k}{\mu m_{\mathrm{p}} G}\right)^{3/2}\end{aligned} \tag{3-31}$$

となる．M_{crit} より大きな質量のガス雲は，自己重力の作用により収縮することになる．この質量は収縮する際の臨界質量で，$T^{3/2}\rho^{-1/2} = $ 一定（$=C$ ととる）の場合には，この質量が一定で，この式（3-31）が分子雲の平衡条件を与えることになる．この条件は，時にジーンズ（J. H. Jeans）の質量条件と呼ばれる．

分子雲が水素分子 H_2 から成る場合には，比熱比 $\gamma = 7/5$ であるから，断熱変化の場合には $T\rho^{-2/5} = $ 一定となるので，温度の変化は式（3-31）の条件よりゆるやかになる．したがって，断熱収縮の場合には，先に求めた臨界質量一定の条件に到達すると，それ以上の収縮は起こらなくなる．このような理由で，式（3-31）の条件，$T^{3/2}\rho^{-1/2} = C$（一定）より，温度は密度に対しゆっくりと変化することが分子雲の収縮には要求されることになる．

分子雲の温度は高々 10 K であり，その質量密度は 10^{-24} kg/m^3 程度であるから，臨界質量 M_{crit} は太陽質量の 1 万倍から 10 万倍ほどとなる．このことは，この巨大な分子雲が収縮する間に多数の小さな分子雲の塊りに分裂し，それらの中から星々が生まれてくることを示唆する．実際には，分子雲の収縮は内部の温度の上昇をもたらし，収縮が止まってしまう．収縮が引き続いて起こるためには何らかの作用が働く必要があるが，この作用は，たとえば，巨大分子雲内に存在した大質量星が超新星爆発を起こしたとき，それに伴って発生した衝撃波による分子雲の圧縮であろう．太陽の誕生には，このような作用が重要な役割を果たしたと推定されている．分裂して生じた小さな分子雲から星々が誕生してくるとすると，たくさんの星が通過した衝撃波の後側に形成されて

56　3. 星の構造と進化

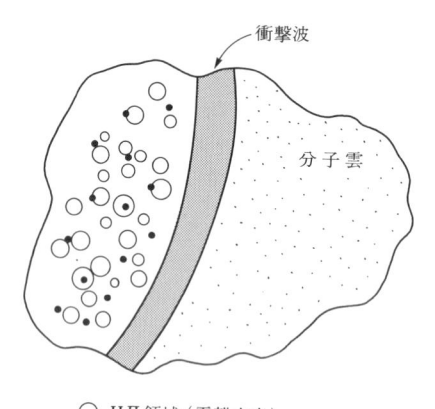

○　HⅡ領域（電離水素）
●　O, B型の星

図 3-12　超新星爆発に伴う衝撃波の通過による大質量星の生成

いるはずである．また，衝撃波によりガスが加熱されるので，イオン化した水素の雲，いわゆるHⅡ領域もこの波の後側に形成されているであろう．この様子は，図3-12に示したようになろう．図には，大質量のO型やB型の星が形成されていることも示してある．

いろいろな質量の星々が巨大分子雲の中から生まれてくるが，元々の個々の分子雲の温度は10Kから100K程度と推定されているから，生まれてくる原始星は赤外線で輝く天体に最初はなっていると思われる．これらがクラインマン－ロウ天体（Kleinman-Low Objects；略して，K・L天体）と同定されており分子雲中に見つかっている．

原始星として誕生したあと，さらに収縮が続き温度が数百Kにまで上がり，赤外線で輝く明るい天体はベックリン－ノイゲバウア天体（Becklin-Neugebauer Objects）と呼ばれている．これらの天体のうち，大質量の星々が，後にO型やB型の天体となるのである（図3-12）．集団となって誕生したこれらの星々は，質量の違いによって異なった進化の道筋を辿ることになるが，巨大分子雲全体の運動の方向を中心にいろいろな方向へと飛び散っていく．これらの星々が散開星団を形成するのである．したがって，誕生した星々は全体として同じ向きに運動していると推論されるが，プレアデス星団（図1-7）やおうし座のヒアデス星団の星々の集団運動は，こうした予想にしたがっている

3.7 星の誕生—原始星　57

図 3-13　おうし座にあるプレアデス星団（図 1-7 を見よ）[11]

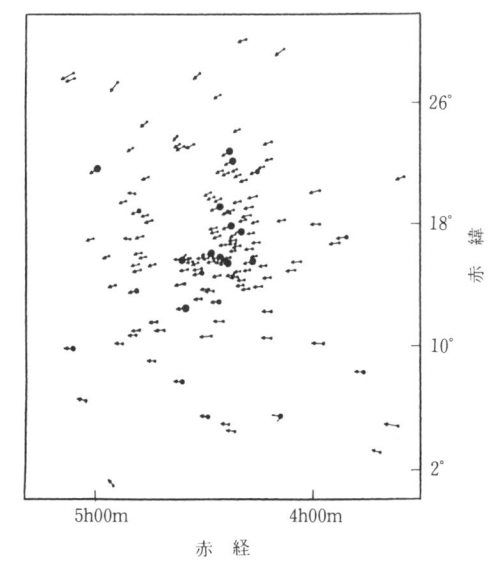

図 3-14　おうし座にあるヒアデス星団の星々に見られる固有運動[14]

（図 3-13，図 3-14）．これらはともに散開星団で星々は誕生してから，あまり時間の経過していない若い天体なのである．太陽も一つの散開星団の中にたくさんの星々とともに誕生したと推察されるが，46 億年という長い時間の中ですべてがバラバラになってしまって，太陽は孤独な天体となってしまってい

58　3. 星の構造と進化

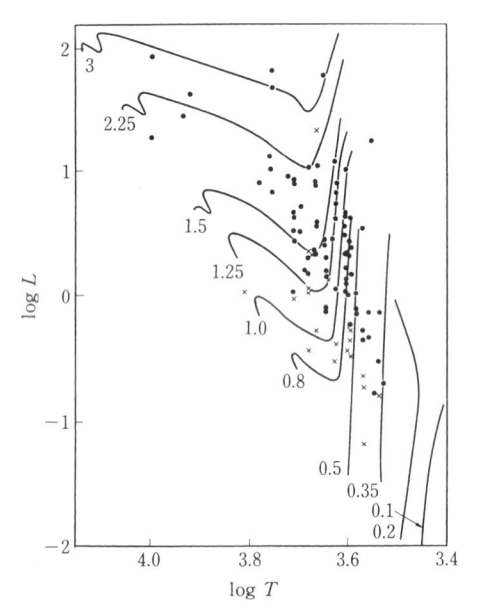

図3-15 おうし座T型星のヘルツシュプルング・ラッセル図上の分布. これらの星々は主系列星になる以前に激しい変光をくり返す[14]

る.

　誕生したばかりの赤外線で輝く低温の星々は，これらの星々をはさんで互いに逆向きに高速ガスのジェット流を直線状に噴出しているのが数多く観測されている．このような天体はハービッグ－ハロー天体（Herbig-Haro Objects）と呼ばれている．こうしたジェット流は，おうし座T型星にも見つかっており，星の進化の過程で必然的に起こる現象だと推測されている．

　オリオン座のガス星雲中に見つかるおうし座T型星を，ヘルツシュプルング・ラッセル図上にプロットしてみると，図3-15に示すように，太陽と質量があまり違わない星々が主系列に到達する以前に経過する段階にあることがわかる．図中に示したいくつかの曲線は，数字で示したいろいろな質量の星々が主系列に辿りつくまでの経路である．温度がほぼ一定なのに明るさが急激に減っていく段階にあるこれらの星々は，次節で述べるように全体が対流の状態にあり，図3-16に示すように激しく変光している．原始星が進化の初期にこのような経路を辿ることは，我が国のハヤシ（林忠四郎）により1961年に明ら

図 3-16 原始星の生成から主系列星に至るまでの太陽質量の星（1 M☉のヘルツシュプルング・ラッセル図上における経路（ハヤシほかによる）[13]

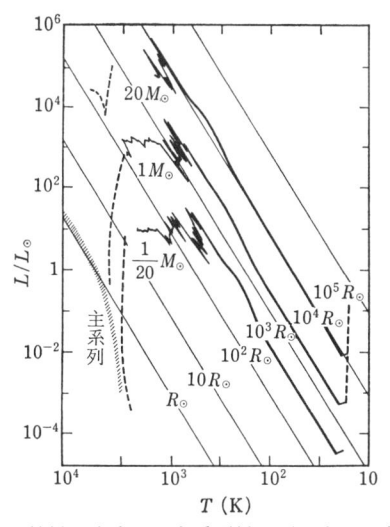

かにされ，ハヤシ相と現在呼ばれている．

　星々はこの段階を経過した後に主系列星となり，一生の大部分を過す．巨大な分子雲が収縮する途中で多数の小さな塊りに分裂し，収縮した後，赤外線で輝くクラインマン-ロウ天体となり，その後，主系列星に至るまでの時間，星それぞれの質量にもよるが，太陽質量の場合には約1億年と推定されている．

3.8 主系列星

　ハヤシ相を経過した後，主系列星の段階に到達した星々は，その一生の大部分を安定した姿で送ることになる．ハヤシ相の段階にあるとき，星々がおうし座T型星として観測されると述べたが，これらの星は不規則に変光する特性を示し，周囲を厚いガス雲が取り巻いておりそれが時に星へと落下，急激に加熱されて，いろいろな輝線のスペクトルを生じたり強力なX線や電波の放射源となったりする．この加熱により他方で強力な赤外線放射もおこなう．リチウムの強い吸収線（暗線）もしばしば観測されるのは高エネルギー粒子が大気中で加速・生成され，それらが大気中の炭素や窒素などの原子核に衝突して破砕

反応を引き起こし，リチウムを生成すると推測されている．

　ハヤシ相の段階にある星々は，星の中心部に元々含まれていた重水素核を燃料とした核融合反応が起こり始めており，星が大きく膨らむために星全体が対流の状態にある．その結果，外層部にあった重水素核は中心部へと運ばれ，核融合反応を維持しながら星の大きさを維持し続ける．星々が主系列星の段階に入る頃には，星からの光の放射圧によってガス雲は周囲の空間へと飛び散ってしまい，星はその素顔を見せるようになる．主系列の星になったのである．

　主系列の星々は，ヘルツシュプルング・ラッセル図上で，左上方の高温の明るい青白い大質量の巨星から右下方の赤く輝く矮星にまで連なる一本の曲線上に並ぶ（図1-2）．これらの星のエネルギー源は豊富にある水素核（陽子）で，表3-1に示したように，水素核4個からヘリウム核1個を最終的に合成する熱核融合反応である．太陽より重い星々のエネルギーは主としてCNOサイクルにより創生されるが，太陽と同程度かそれ以下の質量の星々は陽子・陽子連鎖反応が主要なエネルギー源である．

　星の内部の質量吸収係数κを一定（$=\bar{\kappa}$）と仮定すると，星の表面から中心までの光学的深さは，半径をRとして，$\bar{\kappa}\rho R$ととれるので，星の内部における放射の勾配の平均Xは，式（3-15）の温度T_cを用いて，

$$X \sim \frac{\sigma T_c^4}{\bar{\kappa}\rho R} \tag{3-32}$$

ととれる．この式のσはステファン・ボルツマン定数である．この結果を用いて星の真の明るさLを近似的に表すと，

$$L \sim 4\pi R^2 X \sim 4\pi R^2 \frac{\sigma T_c^4}{\bar{\kappa}\rho R} \tag{3-33}$$

となる．電離ガスの場合には，$\kappa = \kappa_0 \rho T^{-3.5}$という結果が理論的に求められているので，これを用いρとT_cとを上式から消去すると，近似的に次に示す関係式がえられる．

$$L \propto M^{5.5} R^{-0.5} \tag{3-34}$$

さらに，星の表面温度をT_sとおくと，$L = 4\pi\sigma T_s^4 R^2$となり，この式を用いてRを消去すると

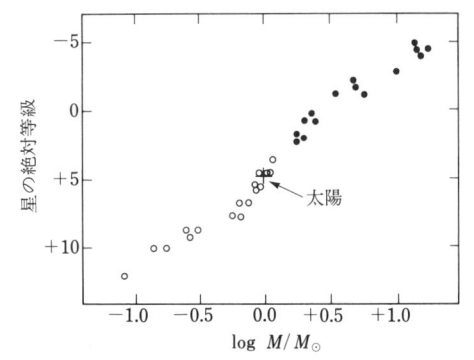

図 3-17 主系列星に見られる星々の質量と明るさとの関係. エディントンにより初めて明らかにされた関係[13]

$$L \propto M^{22/5} T_s^{4/5} \tag{3-35}$$

で示すような，真の明るさ L と質量 M との間の関係が求まる．この結果は，星の明るさがその質量に強く依存して決まってしまうことを示しており，星の質量・光度関係（mass-luminosity relation）として知られている．

いろいろな主系列の星に対し，観測から推定された質量と真の明るさ（光度）との関係は，図 3-17 に示すようになっている．この図の結果は，先に述べた質量・光度の関係がいろいろな質量の星々に対してよく成り立っていることを示している．この関係は，1924 年にエディントンによって初めて，星の内部構造に関する研究に基づいて導かれたので，エディントンの質量・光度関係と呼ぶこともある．

星の内部の温度勾配について前に式 (3-12) を導いたが，この式から $L(r)$ を求めると，

$$L(r) = -4\pi r^2 \frac{4ac}{3\kappa\rho} T^3 \frac{dT}{dr} \tag{3-12}'$$

となる．放射エネルギー $L(r)$ は，温度勾配が負となる向きに伝達されるので，大きさの程度を見積もる場合には考慮する必要はない．$dT/dr \sim T_c/R$, $T \sim T_c$ および $r \sim R$ とおくと，上式は，

$$L(R) \sim 4\pi R^2 \sigma T_c^4 \frac{1}{12\rho\bar{\kappa}R} \tag{3-36}$$

と変形できる．この結果は，数係数を除くと式 (3-33) と同じになっている．したがって，放射エネルギーの輸送は，星の内部では熱伝導の形でその大部分が起こっていると考えてよいことを示しているのである．

　星の質量・光度関係によると，星の明るさ（光度）は質量の4.5乗ほどに比例するので，エネルギー源である水素核の消費率がそれだけ大きいことを意味する．したがって，質量が大きくなるにつれて星の一生の長さが極端に短くなるのである．このことは，表3-2の最後の欄に示した星の寿命からわかるであろう．たとえば，太陽の25倍の質量をもつO7.5型の星の一生の長さは200万年で，太陽に比べて2000倍以上も短い．

　星の中心部ですすむ水素核を燃料として，ヘリウム核を合成する熱核融合反応を通じて，ついには，燃料としての水素核に欠乏する時がくる．主系列星として存続できなくなるのである．

　主系列以後の星の運命について述べる前に，主系列星の自転についてみておこう．太陽はよく知られているように自転しており，その周期は赤道ではほぼ27日で，緯度が高くなるにつれてこの周期が長くなる．星の分光スペクトル型と自転速度との関係は，図3-18に示すように太陽よりも質量の大きい星は

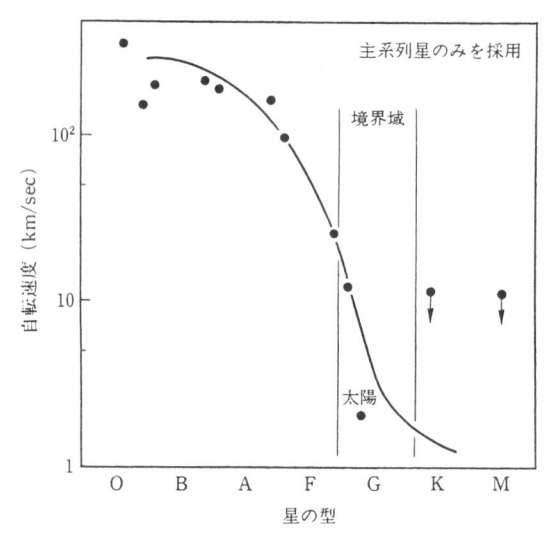

図3-18　星のスペクトル分光型と星の自転速度との関係[14]

10 km/sec 以上と速い．これらの星には，太陽のようなコロナが存在しないし，後に述べるように，外部空間に高速に吹きだす星風もない．この星風には磁場が伴っているので，自転にブレーキがかかることが示されている．このブレーキの効果が図 3-18 に示したような結果をもたらしているのだと考えられている．

3.9 主系列星以後

　主系列にあった星々は豊富に存在した水素核を燃料として輝いてきたが，いつかはこの燃料が枯渇する時がくる．星の中心部にはヘリウム核から成る芯が形成される．この芯が形成されると，CNO サイクルも陽子・陽子連鎖反応もこの芯の外側の縁でわずかにすすむだけで，エネルギー源としてはほとんど寄与しなくなってしまう．こうなると中心部の温度が下がり始め，それに伴ってそれまで星の構造を支えていたガス圧による外向きの力が弱まり，ヘリウム核から成る芯は重力的に収縮を開始する．

　収縮により重力エネルギーが解放され中心部の温度が上がり始める．ヘリウムの芯の外側との温度の差が大きくなり，前に見た対流安定の条件が成り立たなくなると，この芯の外側の大気層が外方へ向かって押し出されるようにして流れだしていく．星の大気の膨張が始まるのである．この膨張はかなり急激に起こるので断熱的な過程と考えてよいから，外層の大気は膨張しながら温度が下がる．赤い巨星への道を辿るのである．

　他方，星の中心部は温度が上がり 1 億 K を超えてくると，ヘリウム核同士の融合反応が起こるようになる．ところが，ヘリウム核同士が融合して作りだすベリリウム 8（$^{8}_{4}$Be）は，実は不安定で生成されてもごく短い時間に元のヘリウム核 2 個にこわれてしまう．したがって，順次，ヘリウム核と融合しながらさらに重い原子核を作っていくことは不可能なのである．

　ところが，ホイル（F. Hoyle）によりこわれる直前のベリリウム 8（$^{8}_{4}$Be）に，さらにもう 1 個のヘリウム核が遭遇，融合される過程の存在が示された．この過程からは炭素核（$^{12}_{6}$C）が合成されるが，この炭素核の構造に，この 3 個のヘリウム核の総エネルギーより，ごくわずか高い共鳴的なエネルギー準位が存在し，下記の二つの融合過程，

$$^4_2\text{He} + {}^4_2\text{He} \rightleftarrows {}^8_4\text{Be}$$

$$^8_4\text{Be} + {}^4_2\text{He} \rightarrow {}^{12}_6\text{C}$$

(3-37)

がすすみ炭素核が合成される．炭素核はヘリウム核と次のような反応により酸素核を合成するが，酸素核が炭素核とヘリウム核の総エネルギーに比べ，ごくわずか低い共鳴的エネルギー準位をもつため，式（3-37）の反応に比べ少しだけ効率が低い．したがって，合成された炭素核がすべて酸素核の合成に使われてしまうようなことが起こらないのである．

$$^{12}_6\text{C} + {}^4_2\text{He} \rightarrow {}^{16}_8\text{O} \tag{3-38}$$

このようなエネルギー準位の存在はまったく偶然の仕業なのであろうが，このことに気づいたホイルは，生命元素の秘密が解けたと喜んだということである．その実験的な裏付けは，ファウラー（W. A. Fowler）によってカリフォルニア工科大学にある低エネルギー原子核実験室の装置を用いてなされたのであった．

先にあげた二つの核融合反応，式（3-37）および（3-38）により，星の中心部には，$^{12}_6\text{C}$，$^{16}_8\text{O}$ が蓄積されていき，これらの原子核を主成分とした中心核が形成される．このような状態に到達し，温度がさらに上がって8億Kにもなると，炭素核（$^{12}_6\text{C}$）同士，また，酸素核（$^{16}_8\text{O}$）同士の融合反応が開始する．この反応は次のようにすすむ．

$$^{12}_6\text{C} + {}^{12}_6\text{C} \rightarrow {}^{20}_{10}\text{Ne} + {}^4_2\text{He}$$

$$\rightarrow {}^{23}_{11}\text{Na} + {}^1_1\text{H} \tag{3-39}$$

$$\rightarrow {}^{24}_{12}\text{Mg} + \gamma$$

この式中にある γ は光子（γ 線）である．これらの反応から生成された ^1_1H と ^4_2He の両原子核は，$^{12}_6\text{C}$ や $^{16}_8\text{O}$ の原子核と融合をくり返し，最終的には $^{20}_{10}\text{Ne}$，$^{23}_{11}\text{Na}$，$^{24}_{12}\text{Mg}$ などの原子核が中心部に溜まっていく．

中心部の温度が20億Kを超えると，${}^{16}_{8}$O核同士の融合反応が起こるようになる．この反応には次に示すようなものがある．

$$
{}^{16}_{8}\text{O} + {}^{16}_{8}\text{O} \rightarrow {}^{28}_{14}\text{Si} + {}^{4}_{2}\text{He}
$$

$$
\rightarrow {}^{31}_{15}\text{P} + {}^{1}_{1}\text{H} \tag{3-40}
$$

$$
\rightarrow {}^{31}_{16}\text{S} + n
$$

式中のnは中性子である．これらの反応の中で最も効率よく起こるのは，最初の${}^{28}_{14}$Si核を合成するものである．

中心部の温度がさらに上がり，35億Kに達すると，${}^{28}_{14}$Si核同士の融合反応が起こるようになる．

$$
{}^{28}_{14}\text{Si} + {}^{28}_{14}\text{Si} \rightarrow {}^{56}_{28}\text{Ni} \tag{3-41}
$$

この原子核は不安定で，ベータ崩壊をくり返して${}^{56}_{27}$Coや${}^{56}_{26}$Feの原子核に変換される．

$$
\left.\begin{array}{l}{}^{56}_{28}\text{Ni} \rightarrow {}^{56}_{27}\text{Co} + e^{+} + \nu_{e} \\ {}^{56}_{27}\text{Co} \rightarrow {}^{56}_{26}\text{Fe} + e^{+} + \nu_{e}\end{array}\right\} \tag{3-42}
$$

${}^{56}_{26}$Fe核を含む鉄属の原子核は，図3-19に示すように核子（陽子か中性子）1個あたりの結合エネルギーが最も高く安定な原子核なので，星の中心部ですすむ熱核融合反応はこれらの原子核を生成して最終ということになる．これらの原子核よりも重い原子核が合成される過程（s過程という）もあるが，その効率は大変小さいので，鉄属より重い原子核の合成には何らかの特別な過程の存在が必要となる．太陽は35億Kに達するには質量が小さすぎて中心部のガス圧が不足するので，${}^{28}_{14}$Siや${}^{24}_{12}$Mgなどから成る中心核の形成で終わりとなる．

今まで見てきたことからわかるように，星はエネルギー源となる原子核の種類を中心部の温度を上げながら変えていく．エネルギー源が変わる時に，内部の温度と物質の動径方向分布も変わる．星の中心部の温度が高くなっていくの

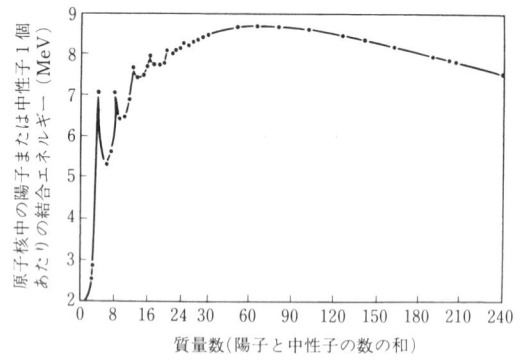

図 3-19 原子核を構成する核子（陽子と中性子の総称）あたりの結合エネルギー[14]

で、星の外層部は膨張していき、そこの温度は下がる．エネルギー源が変わるたびにこの膨張が急激に起こり、星は周囲の空間に最外層部のガスを爆発的に放出する．この爆発の際に星は急激に明るくなる．これが新星（nova）と呼ばれる現象である．放出されたガスは、リング状に周囲の空間へと広がっていくが、これが惑星状星雲として観測されるのである．

太陽の質量の 1.4 倍以上の質量をもつ星は、外層部に広がるガスは赤色超巨星の段階を経過したあとで失われ、星はふたたび青白い高温の大気をもつ星へと移行する．中心部には、鉄属の原子核を主とした中心核（コア）が形成されているので、核エネルギーの解放は起こらない．したがって、中心部が冷却していくにつれて重力的な収縮が起こる．それに伴って、中心部の温度が上がるとともに鉄などの原子核の光分解反応が起こる．この過程は次のようなものである．

$$^{56}_{26}\text{Fe} \rightarrow 13\,^{4}_{2}\text{He} + 4\text{n} \tag{3-43}$$

この式中の n は中性子である．この反応は核エネルギーの解放をもたらさない吸熱反応（124 MeV を必要とする）なので、星の重力的な収縮はさらにすすみ星は急激に潰れていく．その結果、ヘリウム核も破壊されてしまうし、電子は陽子と融合して中性子（n）に変換されるから、星の中心部は中性子から成るようになる．

$$_1^1\mathrm{H} + \mathrm{e}^- \rightarrow \mathrm{n} + \nu_e \tag{3-44}$$

この式で，nは中性子，ν_eは電子ニュートリノである．

式(3-44)に示した反応を通じて生成された電子ニュートリノ（ν_e）は，星を支えているエネルギーを外部の空間へと持ち去ってしまう．星の重力的な崩壊は，このような大量の電子ニュートリノの生成を通じて起こる．この崩壊に伴って，星の外層部は重力エネルギーの解放により急激に加熱されて膨張し周囲の空間へと飛び散っていく．これが後に節をあらためて述べる超新星爆発と呼ばれる現象である．

今まで見てきたことから推測されるように，主系列の星は最初，水素核（陽子）をエネルギー源として輝いていたが，その大部分がヘリウム核に変換されてしまうとヘリウム核の芯が中心部に形成される．このとき，星は膨張して赤い色の巨星となる．その後，ヘリウム核からさらに重い炭素や酸素の原子核から成る芯，次いで $^{20}_{10}\mathrm{Ne}$ や $^{24}_{12}\mathrm{Mg}$ などの原子核から成る芯を形成するようになる．太陽質量の1.4倍以上と重い星は最終的に鉄属の原子核を中心とした芯を形成するが，これらの原子核よりもさらに重い原子核の合成には，外部からのエネルギーの吸収無しではすすめないので，先に見たように重力的な崩壊を引き起こす．この一連の過程を，星の大きさを無視して中心部の原子核成分についての分布を描いてみると，図3-20に示すようになる．

質量の大きな星は，中心部における水素核（陽子）の消費の割合も，太陽を含む軽い星に比べてはるかに大きいので，赤い巨星への道を早く辿るようになる．したがって，ヘルツシュプルング・ラッセル図上にこの様子を描いてみると，図3-21に示すように主系列上の位置から早く外れていく．この図には，

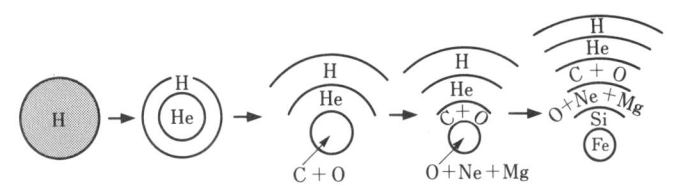

図3-20　星内ですすむ熱核融合反応に伴う星の内部における原子核分布の変化．左から右へと中心核の構造が変っていく過程で星の大きさが実際には大きく変動する

68 3. 星の構造と進化

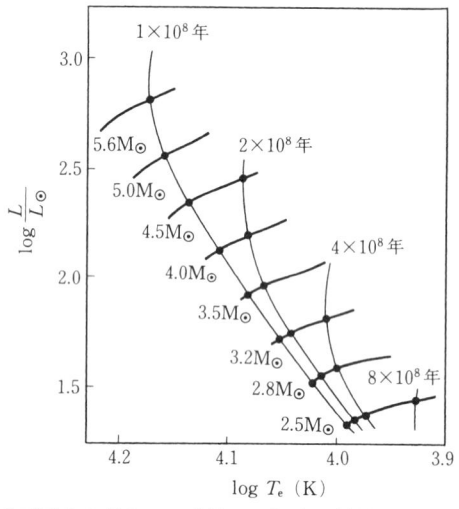

図 3-21 主系列から離れていく星々の経路．質量の大きい星から順に主系列から離れていく（シュバルツシルドによる）

星の質量（太陽質量を基準にとってある）に対して，主系列から星の位置がどれだけの時間がかかって移動していくかが示されている．

エネルギー源としている原子核の種類と星の中心密度との関係に対しては，いろいろな人によって数値的な計算がなされているが，ここではイベン（I. Iben）による結果を図 3-22 に示しておく．その結果によると，ヘリウム核をエネルギー源とした段階に入ると，中心温度と中心密度との間に見られた比例関係が見られなくなってしまうことがわかる．ヘリウム核が燃料として用いられ，炭素や酸素の原子核が中心部に形成されていく段階（図中の He フラッシュ）では，中心温度が幾分下がりながら明るさを増していく．この段階にある星々は，漸近巨星分枝（asymptotic giant branch）の星々と呼ばれている．この"漸近"（asymptotic）という呼び方は，低質量の赤色巨星と表面温度と明るさとの関係が似ていることによる．

太陽質量の 1.4 倍に達しない低質量の星々は，鉄属の原子核の芯の形成にまでいかず，エネルギー源の枯渇とともに，時おり爆発的に大気の外層部を周囲の空間に向かって放出しながら重力的に収縮し，白色矮星と呼ばれる表面温度の極端に高い地球サイズの小さな星へと最終的には移行する．図 1-2 に示した

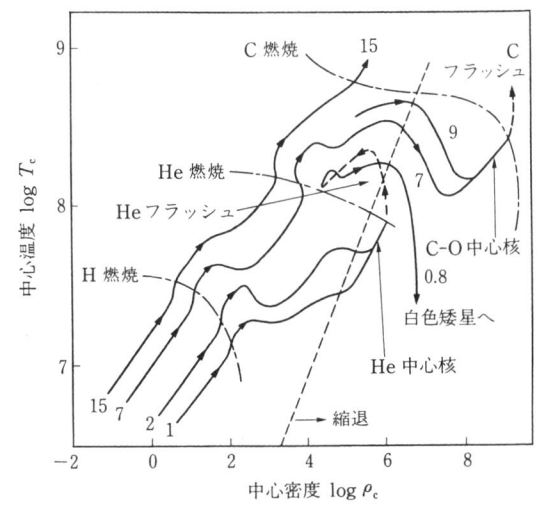

図 3-22 星の進化の過程における中心温度と質量密度の変化経路（イベンの計算に基づく）[7]．数字は星の質量

ヘルツシュプルング・ラッセル図で，左下に2個表面温度が高いのに明るさが非常に弱い星が見つかるが，それらが白色矮星なのである．

3.10 白色矮星

図1-2に示したヘルツシュプルング・ラッセル図の中に，先にふれたように特異ともいうべき星が左下の隅に2個ある．これらの星は，一つはシリウスの，もう一つはプロキオンの伴星である．発見されたのは，前者が1862年にアルヴァン・クラーク（Alvan G. Clark）により，後者は1895年にシェバーリ（J. M. Schaeberle）により発見された．

シリウスは，私たちから8.7光年の距離と比較的近いので，この星の固有運動が観測により詳しく調べられてきた．最近の観測結果は，図3-23に示すようにこの運動は蛇行している．このことは，シリウスに比べて質量が大きくちがわない伴星が存在していることを意味するが，早くも1844年にベッセル（F. W. Bessel）がこのことについてふれている．しかし，光学望遠鏡によるこの伴星（シリウスB）の発見は，この天体があまりにシリウス（後にシリウスAと呼ぶ）に近いため分離できず，先にふれたように20年近く遅れたのであ

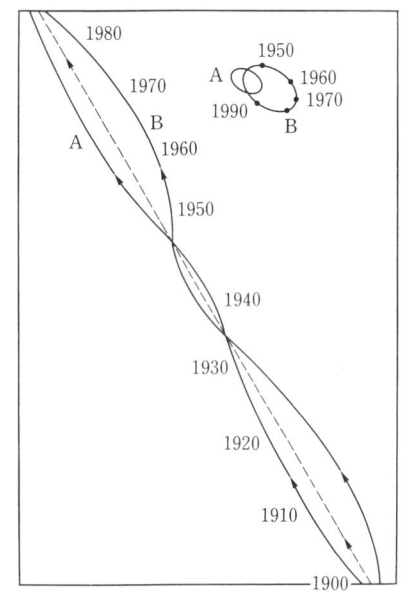

図 3-23 おおいぬ座の α 星，シリウスに観測された蛇行運動．シリウス 2 個 A, B の運動パターンが図の右上方に示してある[14]

った．

　ベッセルの計算によると，伴星，シリウス B の質量はシリウス A の半分くらいあるはずなのに極端に暗いのは，半径がシリウス A の 100 分の 1 程度しかないことを示唆していた．もしこのような天体が現実に存在するとしたら，その密度は太陽の 100 万倍にも達する超高密のものでなければならなかった．このような星が現実に存在しうることは，量子力学が確立されて後，1926 年にイギリスのファウラー（R. H. Fowler）により，電子ガスの縮退に関する量子統計力学の理論を適用して明らかにされた．このような縮退が実際に起こるのは，収縮していく星が解放する重力エネルギーに比べて，星の電子ガスのエネルギーが十分でなく対抗できずに星が潰れてしまうことにかかわっている．このような収縮が起こる星の質量限界は，1930 年にチャンドラセカール（S. Chandrasekhar）によって理論的に示された．この限界は現在，チャンドラセカールの質量限界（mass limit）と呼ばれており，この限界より大きい質量の星は，重力的崩壊を起こし超新星爆発を起こしてしまう．この限界より質量の

小さい星が，電子ガスの縮退にかかわって収縮し白色矮星となるのである．

　白色矮星とは，物理的性質を異にする暗い矮星が存在することが観測から示されており，それらは褐色矮星，もっと暗いのは黒色矮星と呼ばれている．これらの星々は，質量が太陽の10パーセントにも達しないのである．

3.11　超新星現象

　星の一生の最期がどのようなものとなるかは，その星の質量によって決まる．太陽質量に比べて1.4倍以下の質量の星は，赤色巨星の段階を経過したあと白色矮星となり，最早自らエネルギーを創生することなく徐々に冷却していく．最終的には黒色矮星となり，視界から消えていき星としての一生を終わる．

　太陽質量の1.4倍より質量の大きな星々は，中心部に鉄属の原子核から成る中心核を形成し，この中心核が重力的に崩壊することから潰れて収縮していき星の外層部が激しく加熱される．この加熱により，この外層部は収縮から膨張に転じる．このとき，加熱されて超高温となった外層部が急激に膨張することを通じて，この星の周囲が極端に明るくなり，これが超新星爆発として観測されるのである．

　いま述べた星の爆発は，単独に存在する星が引き起こす超新星爆発なのであって，これらの爆発は相対的に質量の大きな単独の（太陽の1.4倍より重い）星の一生の最期に見られる現象である．このような星の超新星爆発はII型の超新星に分類されている．このような単独の星の超新星爆発に対し，近接連星系を成す星の片方が起こす超新星爆発をI型の超新星爆発と呼んでいる．爆発により生じる最大光度は，I型超新星爆発のほうがII型超新星爆発に比べて，絶対等級で数等だけより大きいことがわかっている．超新星爆発による光度の時間変化は，これら二つの型の超新星に対し図3-24にそれぞれ示したような特性をもつ．I型超新星に見られる光度の時間変化のほうが，II型超新星に比べてゆるやかに起こっていることがわかる．ここで，1987年2月23日に大マゼラン雲内で発生したのが観測されたII型超新星1987Aの光度曲線を図3-25に示しておく．この爆発を起こした星は，太陽の25倍ほどの質量をもった白色の巨星で，その爆発時の写真（図3-26）に見るように周囲に強烈な光を放

72   3. 星の構造と進化

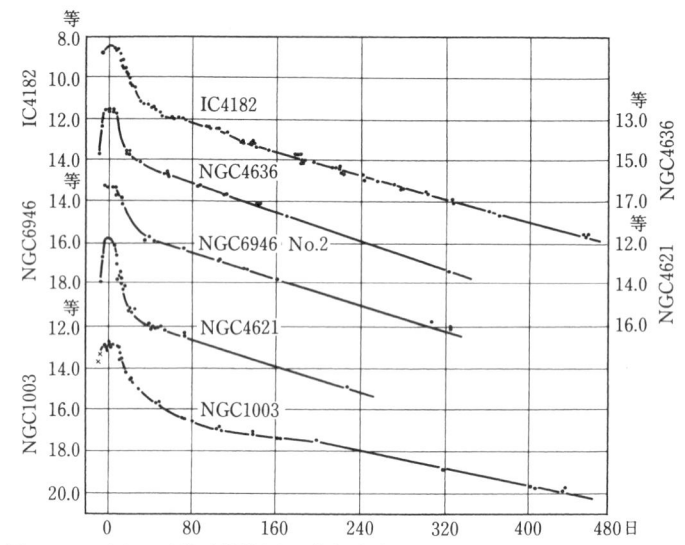

図 3-24 (a) Ⅰ型超新星爆発に伴う光度の時間変化についての観測例[14]

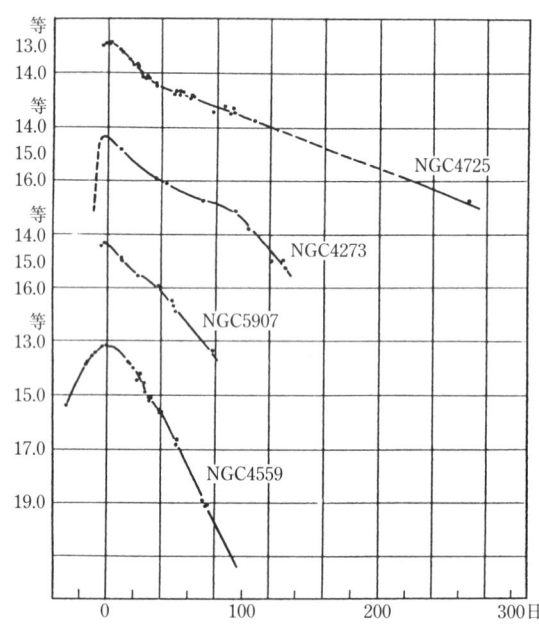

図 3-24 (b) Ⅱ型超新星爆発に伴う光度の時間変化についての観測例[14]

3.11 超新星現象 73

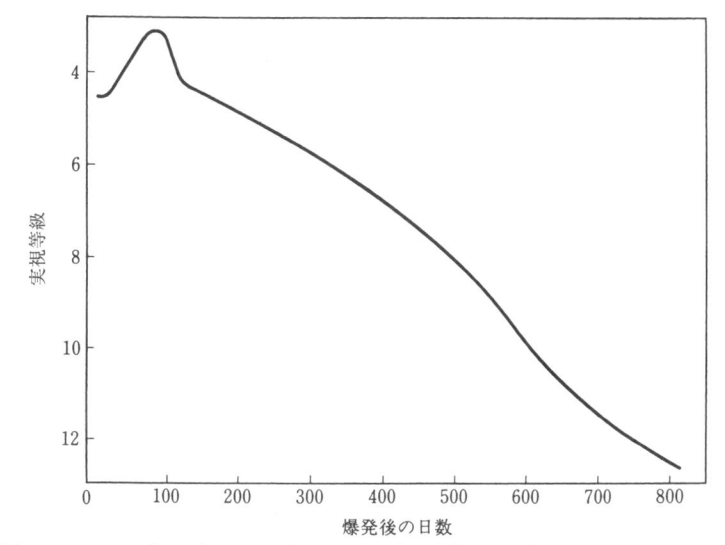

図 3-25　1987 年 2 月 23 日に大マゼラン雲に発生した超新星 1987 A に対する光度（明るさ）の時間変化[14]

図 3-26　超新星 1987 A の爆発（左側の矢印で示した星が爆発した）[11]

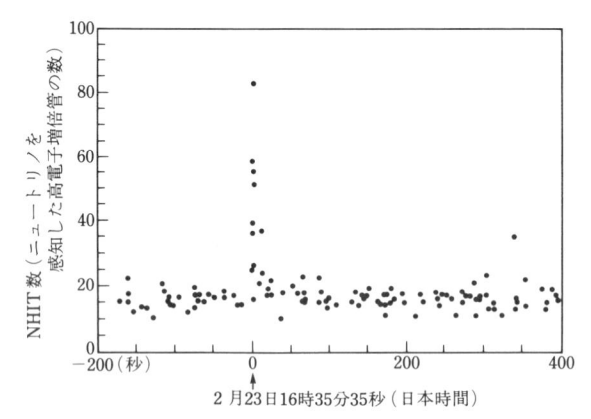

図 3-27 神岡地下施設で検出された超新星 1987 A からの電子-ニュートリノの観測結果, 横軸に時間, 縦軸に電子ニュートリノのエネルギーが取ってある (ヒラタほかによる)

射している. この光で爆発が観測される2時間ほど前に, この星の重力崩壊に伴って中心部で創生された大量の電子ニュートリノの一部が地球にも到来し, 我が国の神岡研究施設とアメリカの IMB と呼ばれる観測施設の両方により検出されている. 神岡研究施設で検出された電子ニュートリノ・フラックスの時間変化は, 図 3-27 に示すようにごく短い時間にパルス状に起こっている.

収縮の過程で潰れていく星は, 重力エネルギーの解放により中心部の温度が上がり, それにより, 式 (3-43) に示したように鉄核はヘリウム核と中性子 (n) に吸熱反応を通じて破壊され, さらにヘリウム核は陽子と中性子に破壊されてしまう. 陽子は, 中心部にあった電子と融合し, 式 (3-44) に示した過程により大量の電子ニュートリノを生成する. これらのニュートリノは大量のエネルギーを外部空間へと持ちだすので, 星の重力的な崩壊がさらに続き, 星は中性子を中心とした小さな天体となる.

質量 M の星が重力的な収縮により半径 R にまで潰れたと仮定すると, 解放される重力エネルギー (Eg) はおよそ次式で与えられる.

$$\text{Eg} \sim G \frac{M^2}{R} \tag{3-45}$$

超新星爆発による最大光度は, 光エネルギーで $10^{43} \sim 10^{44}$ ergs/sec の放出率であることが観測結果に基づいて明らかにされているから, 光度の時間変化か

ら総放射量は 10^{50}〜10^{51} ergs と推定される．超新星爆発に伴って，X線やγ線のほかに宇宙線のような高エネルギー粒子も大量に生成されるから，超新星1個から放出されるエネルギーは全体で 10^{52} ergs に達すると見積もられている．

星の質量として M をチャンドラセカールの限界質量ほどだと仮定すると，先の式（3-45）から星の半径は 30 km ほどにまで収縮することになる．その結果，重力崩壊した星の平均密度（ρ）は，

$$\rho = \frac{M}{(4\pi/3)R^3} \sim 2.5 \times 10^{14} \text{ g/cm}^3 \tag{3-46}$$

となる．1 cm^3 あたり 2.5 億トンという途方もなく高密な星が誕生することになる．また，星の表面における重力の強さは，$GM/R^2 = 2.74 \times 10^2 (M/M_\odot)(R_\odot^2/R^2)$ m/sec^2（$M_\odot$, $R_\odot$ の両者については表 1-2 をみよ）ととれる．したがって，太陽の 1.4 倍の質量をもつ星では，先に見たように $R_\odot/R \sim 10^4$ となり，この重力の強さは 3.8×10^{10} m/sec^2 と求められる．この値は太陽光球面の重力の強さの1億倍以上なので，式（3-44）に示した陽子と電子の融合がすすみ，生成された電子ニュートリノが星を支えるエネルギーを持ち去り，星は重力崩壊の結果，中性子から成る天体，中性子星となってしまう．

図 3-18 に示した結果から予想されるように，超新星爆発を起こす星は元々，自転速度が大きい．したがって，このような星の半径が1万分の1にまで縮小したとすると，自転の角速度は1億倍も大きくなるはずである．相対論からは自転速度は光速を超えられないので，自転速度の上限は光速となるから，自転の周期（P）を見積もると

$$P = \frac{2\pi R}{c} \sim 6.3 \times 10^{-4} \text{ sec} \tag{3-47}$$

となり，ミリ秒の時間スケールで自転する中性子星が誕生するものと推論される．

太陽は磁気をもつ天体であるが，中性子星になる天体に太陽と同じくらいの磁場が表面に元々あったとすると，中性子星ではその磁場が $(R_\odot/R)^2 \sim 10^8$ と1億倍にも達する．太陽では両極地域の磁場は，強さが 1 gauss ほどなので同程度と仮定すると，10^8 gauss となる．このようなわけで，高速度で自転する中性子星の磁場は極端に強くなっていると予想される．中性子星からのX線や

γ線の放射が時間的にパルス状にくり返してなされていることから，後にパルサーと命名されることになった宇宙物理学的な現象については，章をあらためて語ることにする．

　超新星現象が人類によって記録されたのは，中国の皇帝に仕えた天文官たちによるものが最も古く西暦185年のことであるが，史上有名なのはティコ・ブラーエ（T. Brahe）により，1572年にカシオペア座で発生が観察されたものである．これは現在，チコの星と呼ばれている．史上，その発見が記録された上に，その超新星までの距離から発生時間とその後の膨張による超新星の周囲に広がったガスの直径との関係をみると，図3-28に示したようになっている．この図に示した超新星はすべてII型に分類されるものである．

　次に，I型超新星爆発の機構について考えてみよう．こちらは近接連星とかかわりがあり，二つの接近している星の進化時間の相異が本質的な役割を果たしていると推論されている．これら2星の質量は，太陽に比べて少し大きいくらいで，進化時間が相対的により短い質量の大きい側の星が先に白色矮星の段

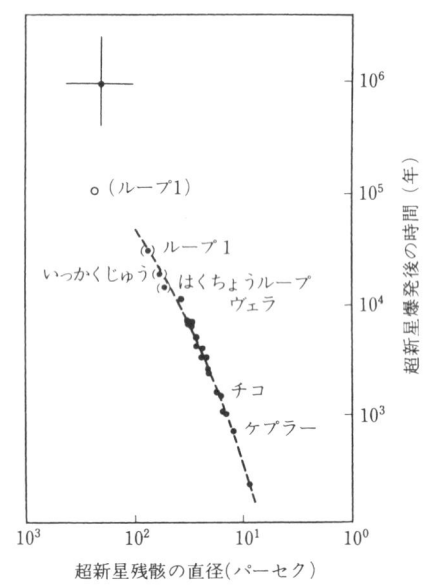

図 3-28 地球からあまり遠くない空間内で発生した超新星からのガス雲の広がりと爆発後の時間[14]

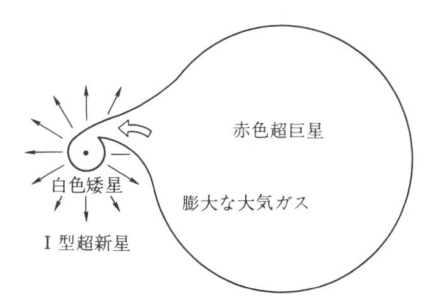

図 3-29 Ⅰ型超新星爆発の機構．2重星の片方の進化が速く白色矮星となってしまったあと，もう片方が赤色巨星の段階に達し，膨大な大気が白色矮星に流れこみ，白色矮星に降着した質量と合わせて，チャンドラセカールの限界質量に達したとき，超新星爆発が起こる[14]

階に到達する．もう一方の星が赤色巨星の段階に遅れて到達すると，星の周囲に形成された膨大な大気の一部が，図 3-29 に示したように白色矮星に吹きこんで表面に降り積もっていく．この現象は降着（accretion）と呼ばれているが，これにより，白色矮星の質量が太陽質量の 1.4 倍に達したとき，大爆発を引き起こす．これがⅠ型超新星爆発であると考えられている．このことは，Ⅰ型超新星爆発を引き起こす星の中心核は鉄属の原子核群から成るのではなく，図 3-20 から予測されるように，酸素，ネオン，炭素などの原子核から成る中心核で，爆発的にこれらの原子核で核反応がすすみ大爆発につながることを示唆している．

3.12 元素の起源

星の中心部ですすむ熱核融合反応は，エネルギー源としての働きでもあるから発熱反応でなければならない．しかし，図 3-19 に示したように，この発熱反応は鉄属の原子核の合成に至るまでは成り立っているが，これらの原子核よりさらに質量の大きな原子核の合成は吸熱反応なので，鉄属の原子核を主成分とした中心核が形成されてしまうと，エネルギー源としての熱核融合反応は先へすすまなくなってしまう．星の重力崩壊が起こり超新星爆発が誘発されるのは，エネルギー源の枯渇と密接にかかわっているのである．

重力崩壊により中心部が潰れるとき，星を構成する物質の大部分は爆発とともに周囲の空間へ超高温のガス流となって膨張していく．この流れは超音速な

ので，前面に衝撃波を形成している．重力崩壊に伴い星の内部には大量の中性子が生成され，それらが鉄属の原子核と出会い次々と吸収され重い原子核を形成していくが，それらは中性子が過剰の状態になるとベータ崩壊により原子番号のより大きな原子核へと移っていく．この合成過程は膨張していくガス中で起こり，相対的に短い時間の間に急速にすすむのでr過程（rapidの省略表示）と呼ばれている．

鉄属の原子核を主成分とした中心核では重力収縮により温度が上昇し，これらの原子核が崩壊し中性子を生成する光分解反応が緩やかに起こる．このとき生成された中性子は，電荷をもたないのでこれらの原子核に容易に吸収される．中性子が過剰になると，ベータ崩壊を起こしてr過程の場合と同様に原子番号がさらに大きな原子核となる．中性子の生成源の候補として，次のような過程が現在想定されている．

$$^{13}_{6}C + \ ^{4}_{2}He \rightarrow \ ^{16}_{8}O + n \tag{3-48}$$

$$^{22}_{10}Ne + \ ^{4}_{2}He \rightarrow \ ^{25}_{12}Mg + n \tag{3-49}$$

上の二つの式中のnは以前と同じく中性子である．これらの過程で生成された中性子が先に述べたような吸収過程により，鉄属の原子核よりも重い原子核のゆっくりとした合成をおこなう．そのため，この合成過程はs過程（slowの省略表示）と呼ばれる．

r, sの両過程はともに，中性子の吸収反応とベータ崩壊の二つの過程を通じて，鉄属の原子核よりも重い原子核を合成し，超ウラン原子核の生成にまで到達する．アクチノイドと総称される原子番号が89（Z=89）より上の原子核まで，r過程により合成してしまうのである．実際，超新星爆発に伴って急激に増加した明るさ（光度）が最大になった後の時間変化が，生成された超ウラン原子核，カリフォルニウム（$^{248}_{98}Cf$）ほかの同位体の放射性崩壊の過程を考慮して説明できるとするアイデアも提出されている．r, sの両過程による鉄属の原子核より重い原子核群の合成のすすみ方について，ロルフス（G. Rolfs）らによる研究結果を図3-30に示しておく．r過程により合成される原子核のほうが，s過程によるものに比べて中性子数の過剰の度合が大きくなっている

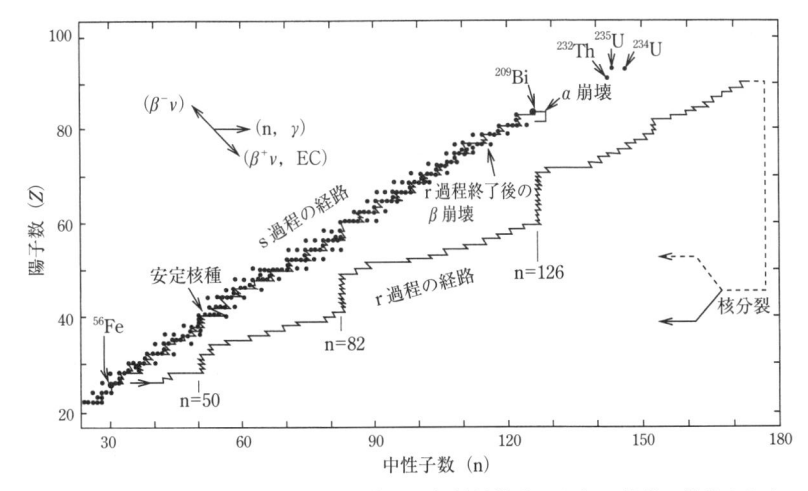

図 3-30 r 過程による超鉄核群の合成は，超新星爆発により，外部に放出されたガス星雲中ですすむ．s 過程によりすすむ元素合成反応の経路も示されている

ことがわかる．

　私たちの周囲に見つかる元素は今までみてきたことから明らかなように，星の中心部ですすむ熱核融合反応によって生成される鉄属の原子核に至るまでの原子核と，鉄属の原子核よりも重い原子核の合成に寄与する s および r の両過程による原子核から，その大部分がもたらされたのである．いま，大部分といったのは，$^7_3$Li, $^9_4$Be, $^{10}_5$B などの軽い原子核は，宇宙線と星間物質との間のいわゆる破砕反応から生成されるし（第 5 章をみよ），自然界に存在する重水素やヘリウムは，宇宙創造の最初期に生成されることを考慮してのことである．

3.13　星の脈動

　太陽の明るさ（光度）が，0.1 パーセントほど太陽活動について知られている約 11 年の周期に同期して変わっていることが明らかにされたのは，1980 年代の終わりのことであった．アメリカが打ち上げた太陽活動極大期について研究するための "Solar Maximum Mission" と名づけられた科学衛星による観測結果の解析によって，太陽の明るさがごくわずかだが変化していることがわかったのである．太陽も変光星であることが立証されたのであった．

80   3. 星の構造と進化

　変光星とは，星の一生の間に周期的，あるいは，非周期的に明るさを変えている星のことである．太陽が変光星であると先に述べたのは，この意味においてである．他方，星の内部構造が変化して明るさを変えていく過程は，脈動（pulsation）と呼ばれており，これには動径方向の脈動と，この方向に沿わない非動径脈動の二つの成分がある．

　変光星については，変光の時間変化のパターンにいくつかの特徴的なものがあり，それらの代表的なものは，セファイド型，ミラ型，それにこと座 RR 型で，図 3-31 に示すようになっている．セファイド型は，星座名からケフェウス型と呼ばれることもあるのは，ケフェウス座デルタ（δ）星にまず見つかったことから，このように命名された．この星の変光周期は 5.4 日で，明るさの変化は見かけの等級で 3.6 等から 4.6 等に及んでいる．この型の変光星の変光のパターンはほぼ規則的で，その変光周期は 1 日から 100 日にわたっている．北極星（こぐま座アルファ（α）星）もこの種の変光星だが，変光の幅は 0.1

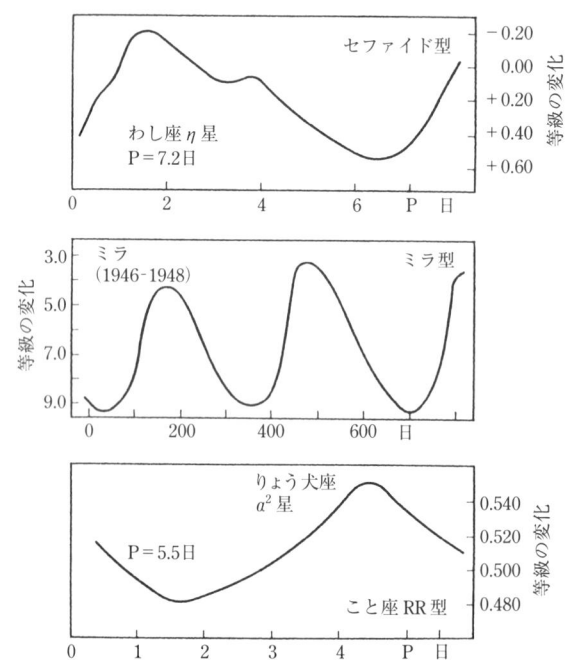

図 3-31　異なった特性を示す変光星に対する光度時間変化[14]

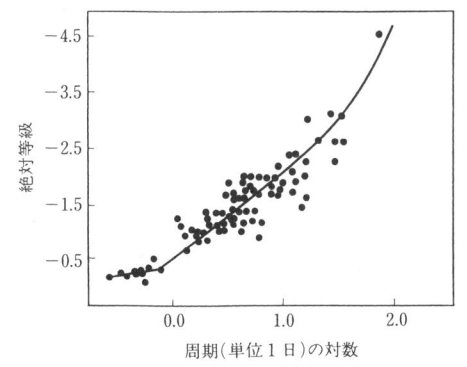

図 3-32 ヘンリエッタ・リービットが見出したセファイド型変光星の光度対周期の関係[14]

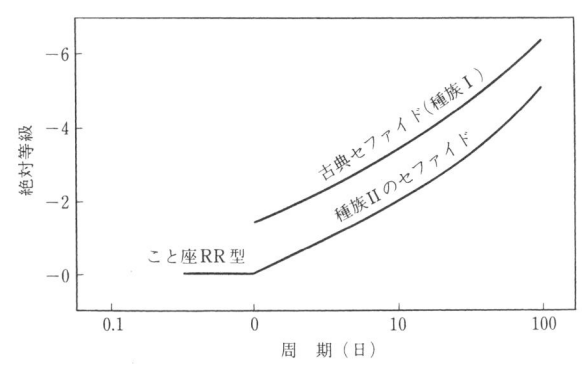

図 3-33 セファイド型変光星に見られる周期・光度関係の星の種族によるちがい[14]

等と小さい．

　セファイド型変光星が有名なのは，変光の周期と真の明るさ（絶対等級）との間に，ある種の決まった関係（周期・光度関係という）があるからである．この関係は，1912 年にヘンリエッタ・リービット（H. Leavitt）により見つけられた．彼女がえた結果は図 3-32 に示してあるが，後に星には二つの種族Ⅰ，Ⅱがあることが明らかにされ，この関係も図 3-33 に示したように種族間で絶対等級に約 1.5 等の差のあることが 1950 年代半ばになってわかった．種族Ⅰの星のほうが，種族Ⅱの星より変光周期に無関係にこれだけ明るいのである．したがって，星の真の明るさには約 4 倍の開きがあることになるから，星までの距離に 2 倍の違いが生じることになる．このセファイド型変光星は，図

3-33 に示したような周期・光度関係にしたがっているので，周期を測ることにより当の星までの距離がわかる．球状星団内のこの型の変光星を観測することにより，天の川銀河の構造とこの銀河内における太陽の位置が決定されたし，アンドロメダ銀河までの距離も決められたのである．

変光星の中には，明るさの変化が非周期的に起こるものがある．前に述べたことのあるおうし座T型星は，この種の変光星であり主系列上にあって太陽に比べて質量が小さく，周囲が厚いガス雲に覆われていて時おり急に明るさを増すフレア星のような天体も存在する．これらの変光星に対し，それらがヘルツシュプルング・ラッセル図上に占める位置を示すと図 3-34 のようになっている．この図には白色矮星も変光するとして示されているが，これらの星の変光の周期は非常に短く約 200 秒から 1000 秒の間にあり明るさの変化は 0.01 等から 0.3 等と大変に小さく，その上変光の周期も不規則である．

星が脈動する原因は，星の中心部における核融合反応の効率の時間変化にあるのかもしれない．星が重力的にもし収縮するようなことがあると，中心部の

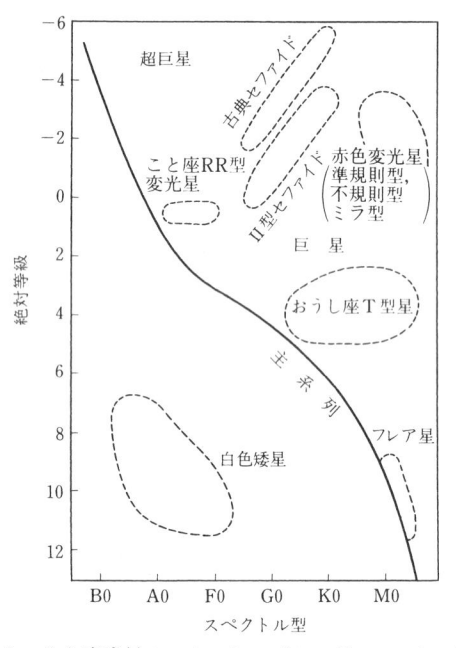

図 3-34 いろいろな変光星のヘルツシュプルング・ラッセル図上の分布[14]

温度が上がりこの効率が大きくなる．こうなると，中心部が膨張し温度を下げ，この効率を低下させ，星を定常の状態に保持するように星自体の内部構造が変化する．重力エネルギーと熱核融合反応から解放された核エネルギーの総和が一定になるように，星はその内部構造を変化させていく一種の自己制御装置なのである．この過程で，星は動径方向に収縮と膨張を振動的にくり返すことになる．これが星の脈動で，動径方向に起こるが非動径方向の脈動も存在する．

　脈動を引き起こす機構について考えてみよう．脈動の時間スケールは，星の内部における放射エネルギーの伝達のそれに比べて短いと考えてよいから，脈動は断熱的に起こっていると仮定してよい．このことは，脈動の周期が星の内部を伝わる音波の速さ（v_c）でほぼ決まることを示す．両端を固定してピンと張った弦に生じる定在波と似た現象が脈動であると考えられるからである．この周期をτとおくと，脈動の基本周期は星の半径をRととると

$$\tau \sim R/v_c \tag{3-50}$$

ととれる．断熱変化では，圧力をP，質量密度をρととると，比熱比をγとしたとき，

$$P\rho^{-\gamma} = \text{const} \tag{3-51}$$

という関係式が成り立つから，音速v_cは

$$v_c^2 = \frac{\delta P}{\delta \rho} = \gamma \frac{P}{\rho} \tag{3-52}$$

と与えられる．ガス圧は中心部で最も高いので，$P \sim P_c$と仮定すると，式（3-14）より

$$\tau \sim \left(\frac{3}{4\pi\gamma G}\right)^{1/2} \frac{1}{(\overline{\rho})^{1/2}}$$

したがって，

$$\tau\sqrt{\overline{\rho}} \simeq \left(\frac{3}{4\pi\gamma G}\right)^{1/2} \tag{3-53}$$

となり，周期と星の平均密度（$\overline{\rho}$）との間に成り立つ有名な関係式が求められ

た．セファイド型変光星に対しては，この関係がよい精度で成り立つことが確かめられているからである．

星の脈動については，ガス圧の変動が引き起こす圧力 (P) モードと，重力場の作用の変動が引き起こす重力 (g) モードの存在が明らかにされているし，非動径方向の脈動については星の自転軸に垂直な経度方向の振動，また，緯度方向の振動も知られている．

3.14 惑星状星雲

赤色巨星へと進化し漸近巨星分枝（asymptotic giant branch）へ移行した星は，周囲に爆発的にその外層部のガスを放出するが，そのガスが星の紫外線の照射を受けて，ガス中の原子がイオン化され輝く．このとき，このガスはほぼ円形に広がって見えることから，惑星のような形なので惑星状星雲と呼ばれるようになった．この放出されたガスの速さは 20 km/s から 30 km/s とあまり速くないが，このようになるのは中心の星からの紫外線による放射圧によって加速されているからである．

惑星状星雲でよく知られているのが，こと座にあるリング状星雲である（図 3-35）．このような天体は，天の川銀河全体で 6000 個ほどあると推定されて

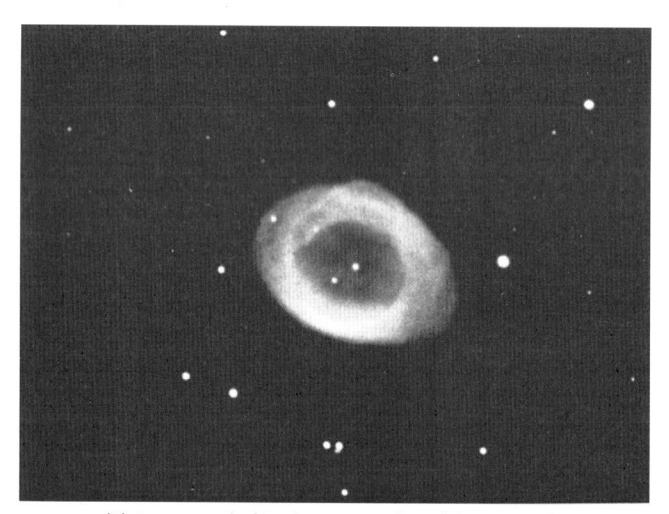

図 3-35 こと座にあるリング状の惑星状星雲[11]

いる．この星雲の大きさは 0.1 から 1 光年ほどまでといろいろある．周囲に広がっていくガス雲の原子密度は $10^3 \sim 10^4$ 個/cm^3，温度は数千 K から 1 万 K ほどにわたり電離した水素が主成分となっている．

　惑星状星雲ではないが，時どき大爆発を引き起こすものにフレア星がある．図 3-34 に示したように，主系列星としては暗く，質量はあまり大きくなく，膨大なガス雲に覆われている．このフレアと呼ばれる現象は，太陽大気中で黒点磁場の急激な変動に誘発されるフレアと同様の現象であるが，その規模がきわめて大きいものと推測されている．

3.15　太陽や星からの風

　太陽は，光球のすぐ外側に彩層と呼ばれる 1 万～10 万 K にわたる高温の大気が広がっており，さらにその外側には，コロナと呼ばれる 100 万 K の桁の超高温の大気層が，地球の公転軌道を超えて 100 天文単位も太陽から離れて遠い空間にまで分布している．このコロナは，太陽半径の数倍くらい太陽本体から離れた付近から超音速の流れとなって太陽から吹きだしている．この流れは，太陽風（solar wind）と現在呼ばれている．

　O 型や B 型に分類される太陽に比べ質量がかなり大きな星々は，大気層の温度が太陽の光球に比べはるかに高く，これらの大質量星には太陽のようなコロナは存在しない．したがって，これらの星には星風として周囲の空間へ流れだすガス流は存在しない．星風は，太陽のように周囲に超高温のガスをもつ星に限られることになる．ただしウォルフ・ライエ星（C. J. E. Wolf, G. Rayet）と名づけられた質量が太陽の 40 倍程度以上の星は，高温の大気ガスを秒速 2500 から 4000 km と，太陽風の 10 倍近い速さで周囲の空間へと噴出している．このガス流の温度が高いことは，強いドップラー幅を示す輝線を放射していることからわかる．その噴出量は，太陽質量 $M_\odot$ を用いて表すと，1 年に $0.8 \times 10^{-5} M_\odot$ から $8.0 \times 10^{-5} M_\odot$ と星によってかなりの差がある．このガス流を生成するには，中心星の大気が高温で強力な放射圧が基本的に重要であると考えられている．

　強力な放射圧によるガス流の形成は，この星の明るさがエディントンの限界光度に近いことを示唆している．また，内部の対流も激しく物質の混合が急速

にすすんでいるので，大気中にいろいろな元素が過剰になっている．これらの元素には，$^{4}_{2}$He, $^{12}_{6}$C, $^{17}_{8}$O, $^{22}_{10}$Ne などが含まれているが，さらに当然であるが，$^{14}_{7}$N, $^{25}_{12}$Mg, $^{26}_{12}$Mg, $^{16}_{8}$O などの過剰も知られている．特に，$^{22}_{10}$Ne の天の川銀河空間への供給源となっており，これが加速されて宇宙線中の異常成分となっているものと考えられている．

太陽のように高温のコロナを大気の外延部にもつ星は，重力平衡の状態になく，次のような動的（dynamical）な平衡の下にある．この平衡では次のような式が成り立つ．動径を r ととると

$$\rho\left(v\frac{\partial v}{\partial r}\right) - \frac{\partial P}{\partial r} = G\frac{M}{r^2}\cdot\rho \tag{3-54}$$

という式が成り立つ．ρ はガス流の質量密度，v はガス流の動径方向の速さ，P はガス圧で，右辺の M は星の質量である．G は重力定数である．左辺の第1式がガス流を表し，この項の存在が星風の生成からの寄与を表す．ガス流が定常的に起こっているとすると，

$$\rho v r^2 = 一定 (= \rho_0 v_0 r_0^2) \tag{3-55}$$

という関係式が導かれるが，これが流量（flux）が保存されることを示す．

いま求めた2式 (3-54), (3-55) を連立して解いたのがパーカー（E. N. Parker）で，彼がえた解は外向きのガス流が加速されていき，流速が音速を超えた点で急激な加速を受け高速星風として外部空間へと広がっていく．このような高速星風が生成されるには，太陽のコロナのような高温の大気が星の周囲

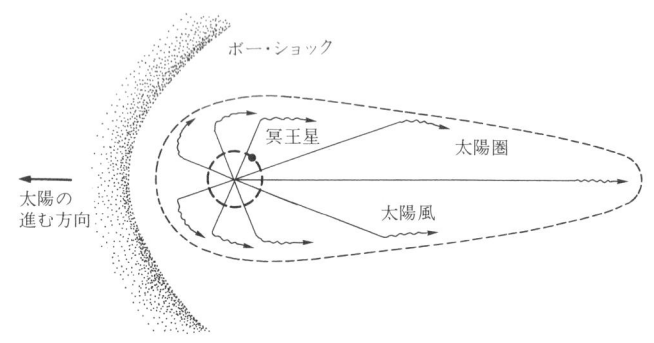

図 3-36　太陽風が作りだす太陽周囲に広がる太陽圏（heliosphere）[14]

に存在しなければならない．

　太陽風は地球公転軌道で，その数密度が陽子数にして $10/cm^3$，速度が平均して 400 km/sec（マッハ 4 程度）となっている．この風は，太陽から 100 天文単位ほど遠くの空間まで吹き抜けており，太陽風の勢力圏を形成している．この勢力圏は太陽圏（heliosphere）と呼ばれている．その形状は，銀河面に対し，図 3-36 に示すように太陽のすすむ向きの側がずんぐりとした球殻状で，その反対側は長く尾を引いたようになっているものと想像されている．太陽がすすむ側には，衝撃波が定在的に形成されているものと推測されている．

4. 極限状態にある星と高エネルギー現象

　星は重力平衡と放射平衡という二つの釣り合いの条件の下に，定常的な構造を維持しているが，エネルギー源が時間とともに変わっていくため，星はその構造を究極的には変えながら進化していく．この重力の働きがきわめて強く，星の構造を記述する際に準拠する空間が，平坦なユークリッド空間から外れた場合が出てくる．このような平坦でない非ユークリッド空間では，空間が曲がり有限の曲率を考慮して，星の構造を研究しなければならなくなる．この重力の働きがきわめて強い星を，ここでは極限状態にある星と呼ぶことにするが，このような星の構造を研究するには，アインシュタインによって1916年に建設された一般相対論から導かれる重力場の方程式を適用しなければならない．

　こうした極限状態にある星は，周囲の空間に強力な重力場を形成しているので，星の周囲にあるガス物質の星の降着（accretion），それに伴う高エネルギー粒子の加速・生成，これら粒子によるX線やγ線のような高エネルギー量子の放射などの高エネルギー現象が発生する．次章で詳しく研究する宇宙物理学上の高エネルギー諸現象は，こうした極限状態に向かう星の生成や存在と密接にかかわっているのである．

4.1　相対論的な星の構造

　星の内部構造について第3章で研究したが，このとき，重力の働きを考慮しないとこの問題を正しく取り扱うことができないことが明らかにされた．この節で相対論的な星という言い方をしたのは，重力の場の理論ともいうべき一般相対論を適用しなければ，星の内部構造が正しく表せない場合について考察するからである．このような場合は，強力な重力場を周囲の空間に作りだす星である．

　重力場が存在すると，この場の作用で質量をもった物体には必然的に加速度

運動が生じる．このような運動の存在下では光速度は一定に保持されず，これにより強い重力場を周囲の空間に作りだしている星のごく近傍を光が通過する時に曲げられるようなことが起こるのである．

重力場の存在しない真空の空間では，光速度は不変なので特殊相対論が成立している．この理論では，空間は平坦なユークリッド空間であり，ある一つの慣性系における時間の経過は一定である．時間と空間は独立ではなく，時空連続体としての四次元空間が形成されている．ある慣性系における光の経路は，時間 t，三次元の空間 (x, y, z) を用いて，

$$c^2 t^2 - (x^2 + y^2 + z^2) = 0 \tag{4-1}$$

と表される．どの慣性系にあっても光速度 (c) は不変であると要請されているから，この関係式は他の慣性系（変数にダッシュをつけて表す）でも成り立つ．すなわち，

$$c^2 t'^2 - (x'^2 + y'^2 + z'^2) = 0 \tag{4-2}$$

となる．

ここで，それぞれ対応する座標軸，x と x'，y と y'，それに z と z' が互いに平行であると仮定し，x' 軸の正の方向にこのダッシュのついた座標系が，一定の速度 V で (x, y, z, t) の座標系に対し，移動（x, x' 両軸に沿って）していく場合を考える．その際，$t = t' = 0$ のとき，両座標が一致していたとすると，両座標の間にローレンツ（H. A. Lorentz）変換式が成り立つ．ダッシュのついた座標系は，

$$x' = \gamma(x - Vt), y = y', z = z', t' = \gamma\left(t - \frac{V}{c}x\right) \tag{4-3}$$

のように表される．ただし，$\gamma = 1/\sqrt{1 - (V^2/c^2)}$ はローレンツ因子である．

この四次元の時空連続体を目に見えるようにグラフに表すことは不可能なので，空間については二次元とし，三次元の時空連続体を考えてみよう．三次元時空 (ct, x, y) に対し，光の経路が $t = 0$ のとき，$x = y = 0$ の原点から発進したとして表すと次式のようになる．

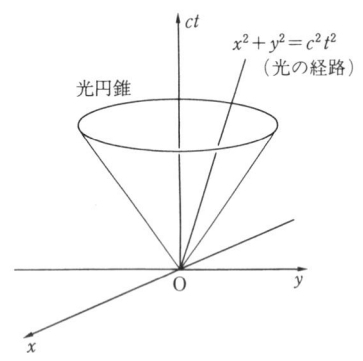

図 4-1 ミンコスキー空間と光円錐．原点 O を発した光の経路が光円錐を作る[14]

$$c^2t^2 - (x^2+y^2) = 0 \tag{4-4}$$

この経路をいま考えた三次元の空間に描くと，時間軸について対称な円錐面が図 4-1 に示すように求まる．この図では，$c=1$ と仮定してある．この円錐面を (ct, y) の平面に投影すると，原点で互いに垂直に交わる 2 本の直線がえられる．現実に可能な世界は，$c^2t^2 > (x^2+y^2)$ であるから円錐面で囲まれる内部だということになる．

ここで，時空両座標の微小変化 (cdt, dx, dy) をとりあげると

$$ds^2 = c^2dt^2 - (dx^2+dy^2) > 0 \tag{4-5}$$

したがって，

$$ds^2 = c^2dt^2\left(1-\frac{v^2}{c^2}\right) \tag{4-6}$$

が求まる．この式で，$v^2 = (dx/dt)^2 + (dy/dt)^2$ ととった．$v^2/c^2 \leq 1$ が成り立つから $ds \geq 0$ が常に成り立っている．この速度がある質点の速度であるとすると，この質点は図 4-1 の内部にあって $v^2/c^2 < 1$ の関係を保持しながら運動することになる．この図 4-1 に示したような時空表示をした空間は，ミンコフスキー (H. Minkovski) 空間と呼ばれている．四次元時空で $ds \geq 0$ を満たしながら描かれる運動の経路は，世界線 (world line) としばしば呼ばれている．

図 4-1 に描かれている円錐面は，光の軌跡，$c^2t^2 - (x^2+y^2) = 0$ が描きだす面

4.1 相対論的な星の構造　91

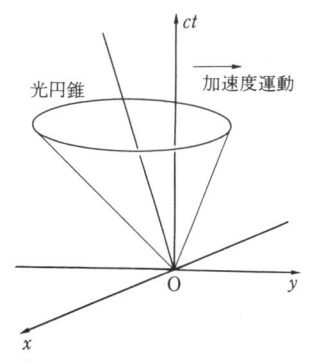

図 4-2　y 軸の負の方向に重力の作用が働いているとき，光円錐が傾く[14]

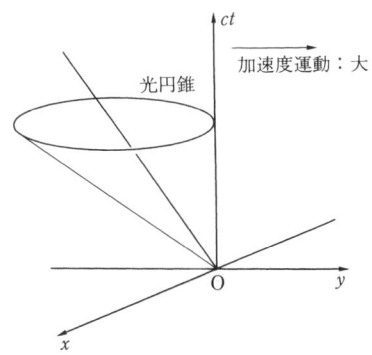

図 4-3　前図に比べてさらに強い重力の作用下では，光は y 軸の負の方向にしか伝わらない[14]

でもあるから，光円錐と呼ばれることもある．このような時空に対し，y 軸の負の向きに重力場の作用がある場合を考えると，図 4-2 に示したように光円錐が傾く．このことは，重力場によって光の速度が c より小さくなることを意味する．さらに，この傾きが大きくなって光円錐が時間軸より図で左方に形成されるようになると（図 4-3），光は最早，y 軸の正の側には伝わらなくなってしまう．このとき，光は強い重力場の作用で，この作用が働いている側に引き寄せられてしまっているのである．これが，ブラックホールの形成ということである．

次に，重力場が作用している時における世界線 ds の表現が，どのようにな

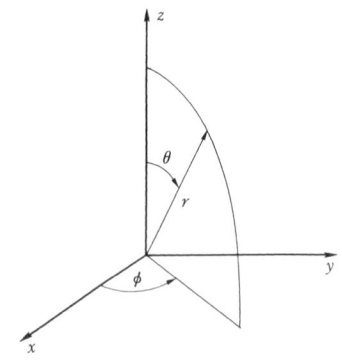

図 4-4 星の中心に対してとった空間成分の極座標[14]

るのかについて考えることにする．すでにふれたように，重力場がない時の四次元時空の線要素 ds は，

$$ds^2 = c^2 dt^2 - (dx^2 + dy^2 + dz^2) \tag{4-7}$$

と与えられる．ここで空間部分に対し，図 4-4 に示すように極座標 (r, θ, ρ) を用いると，式 (4-7) は次式のように書き換えられる．

$$ds^2 = c^2 dt^2 - (dr^2 + r^2 d\theta^2 + r^2 \sin^2\theta d\phi^2) \tag{4-8}$$

重力場における単位質量の粒子の運動エネルギーは，重力場のポテンシャル・エネルギーを U とおくと，

$$\frac{1}{2} V^2 - U = C (定数) \tag{4-9}$$

と表される．この式で，V は粒子の速度である．ここで，無限遠で場のポテンシャル・エネルギーが 0 となるようにとると，$C=0$ とおけるから，上式は，

$$\frac{1}{2} V^2 = U \tag{4-10}$$

となる．この結果を，式 (4-3) から導かれる運動物体に見られる時間の遅れと運動方向での収縮の結果に適用すると，V で運動する系（ダッシュをつけた）に対し，静止系では次に示す関係式が得られる．

$$dt = \frac{dt'}{\sqrt{1 - \frac{2U}{c^2}}}, \quad dx = dx'\sqrt{1 - \frac{2U}{c^2}} \tag{4-11}$$

この今得られた結果を式（4-8）に代入し，空間座標については運動方向に垂直な部分が不変であることを考慮すると，ds^2 は

$$ds^2 = c^2 dt^2\left(1 - \frac{2U}{c^2}\right) - (r^2\sin^2\theta d\phi^2 + r^2 d\theta^2) - \frac{dr^2}{1 - \frac{2U}{c^2}} \tag{4-12}$$

と表される．重力場を生じる中心にある天体の質量を M，重力定数を G とおくと，$U = G(M/r)$ ととれるから，上式（4-12）はよく知られているシュバルツシルド（K. Schwarzschild）の表示となる．

$$ds^2 = c^2 dt^2\left(1 - 2\frac{GM}{c^2 r}\right) - r^2(d\theta^2 + \sin^2\theta d\phi^2) - \frac{dr^2}{1 - 2\frac{GM}{c^2 r}} \tag{4-13}$$

この結果は r が $2(GM/c^2)$ に近づくとき，式（4-11）からみて時間のすすむ割合が極端に遅くなることを示している．次式で与えられる半径（r_s）は，シュバルツシルドの半径と呼ばれている．

$$r_s = 2\frac{GM}{c^2} \tag{4-14}$$

この半径上では，時間がすすまなくなることを示している．$r < r_s$ の領域で発せられた信号は，外部（$r > r_s$）へ出られなくなってしまうのである．$r = r_s$ で無限の時間を要するからである．このことは，シュバルツシルドの半径の内側を，外側（$r > r_s$）から観測することが不可能なことを示している．このようなことから，半径 $r = r_s$ の球面を事象の地平線と呼んでいる．太陽に対し，この r_s を求めると，$r_s \sim 3 \times 10^5$ cm（= 3 km）であるから，太陽が中性子星としてブラックホールになったと想定すると，太陽は直径 10 km 足らずの小さな天体となってしまうことになる．事象の地平線と重力崩壊して潰れた中性子星との関係を描いてみると，たとえば図 4-5 に示すようになる．

　シュバルツシルドの半径（r_s）は，事象の地平線であるから，外部からこの半径を越えて内側へと物質が入っていくことはできるが，逆に内側から外側へ

図 4-5 シュバルツシルドの半径と重力崩壊した星との関係（モデル）[14]

と出ていくことは不可能である．光ですら内側から外側へと出ていくことはできない．ブラックホールはこのような天体なのである．

4.2 中性子星

　超新星として爆発し，星を構成する外層部を吹き飛ばしてしまったあと，中心部には重力崩壊の結果，潰れて超高密になった物質が残される．この物質が中性子から成ることについては，前章で超新星爆発についてふれた時に述べたとおりである．中性子星の誕生については，中心部の物質が潰れていく時に，この物質の大部分が陽子と中性子に変換されるが，さらに陽子は，

$$p + e^- \rightarrow n + \nu_e$$

と示されるように，生成された陽子（p）が周囲を飛び交う電子（e^-）を吸収し，中性子（n）に変換される．この反応により生成された電子ニュートリノ（ν_e）は，物質と反応する効率がきわめて小さいので，エネルギーをもったまま外部の空間へと飛び去っていく．潰れた星が異常な高密度となると周囲の物質との間で反応を生じ，電子ニュートリノが外部の空間へと飛び出すのが難しくなる．ここで，重力崩壊は押さえられることになる．

　このようにして誕生した中性子星は，中性子の半径が 10^{-15} m ほどであるからその質量密度は平均で 4×10^{14} トンにも達する．潰れた星の中心は，したがって，10^{15} トンと想像を絶する質量となる．中心部では中性子同士が対になり，フェルミ粒子だったものがボーズ粒子を形成，液体ヘリウムと類似の超伝導状態を作りだしているものと考えられている．中性子星の内部構造について

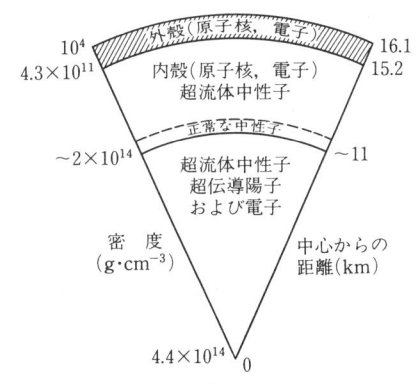

図 4-6 中性子星の内部構造（理論的計算から推定されたモデル）[14]

現在考えられているのは，図4-6に示したようなものである．中心部は超伝導状態にある中性子とわずかな陽子と電子の混合固体から成る．最外層部は，中性子，陽子，電子の混合流体となっている．

太陽程度の質量の星が，中性子星となった時に予想される質量密度についてはすでに述べたが，回転や磁場の強さについてここで考えてみることにする．例を太陽にとると，現在，太陽は約27日の周期で自転している．先にみたように，現在70万kmある半径が5kmに足らない小さな半径の天体になるのだから，約14万分の1に縮んだことになる．したがって，角運動保存の法則が成り立っているとすると，回転の振動数は約 7.3×10^{15} THz（テラヘルツ）にも達することになる．回転の周期は，この振動数の逆算で与えられるから 1.4×10^{-14} 秒となる．しかしながら，物体の運動速度は光速を超えられないので，実際には，このように大きな振動数で回転することは不可能であるが，この結果は，中性子星が高速で回転する天体でなければならないことを意味している．

また，太陽には磁場が黒点群に伴うもの以外に，両極地方に拡がっている．その強さは1 gaussほどである．太陽が14万分の1に縮むとすると，磁場の強さは面積の2乗に比例して変化するので，約 2×10^{10} 倍も強くなる．したがって，2×10^{10} gauss にも達する磁場が両極地方に形成されることになるはずである．後にとりあげるパルサーの極磁場は，きわめて強いものと推測されているが，いま見たように，中性子星の形成に伴って極端に強い磁場をもった高

速回転星が誕生することになる．このような天体が宇宙空間における高エネルギー現象を作りだすと考えられている．

4.3 パルサー

パルサー（pulsar）と現在呼ばれている天体は，1967年の秋に発見された．当時，ケンブリッジ大学で研究していた大学院生，ジョセリン・ベル（J. Bell）が周期的に受信電界強度が変動する天体の存在に気づいたことが，その発見に導いたのであった．このようなふしぎな電波を短い周期でパルス状に放射する天体の発見は，翌1968年2月に論文として発表された．このような天体が，どのような発振機構により電波を短い周期でパルス状に放射しているのかについては，その年の夏，ゴールド（T. Gold）により，現在もほぼ正しいものと考えられているモデルが発表されている．パルサーという命名は，木星からのマイクロ波帯電波放射定常成分の発見や宇宙知性体探査（SETI）で有

図4-7 1054年7月4日未明に爆発が観測された超新星の残骸（かに星雲）．中央付近に見える二つの星のうち，右下にあるのがパルサー[11]

名なフランク・ドレイク（F. Drake）による．

現在ではパルス状の電磁放射は電波にのみ見られるのではなく，たとえば，1054年7月4日に爆発が記録されたおうし座の超新星M1の残骸からは，同じ周期で，可視光，X線，それにγ線が電波とともに放射されている．この超新星の残骸は，図4-7に示すように現在でも爆発に伴って周囲に飛び散っていくガス雲によって取り巻かれている．このガス雲の膨張速度は，現在毎秒1000km強もあることが観測結果の解析から明らかにされている．この残骸はかに星雲と現在呼ばれているが，それはこの星雲の形状を観測してスケッチしたW. パーソンズ（W. Parsons, 後のロス卿）が，このように形容したからである．

このいわゆる"かにパルサー"は，約3ミリ秒の周期で図4-8に示すように，γ線，X線（三つのエネルギー帯），光，それに電波と広い波長域にわたって放射している．図4-7に示した写真の中央部に二つ星が見えるが，右下に見える星が，現在でも可視光で約3ミリ秒の周期で明滅をくり返している．この星から，写真で右斜め上方に向かって波立つように高温のガスが飛び散って

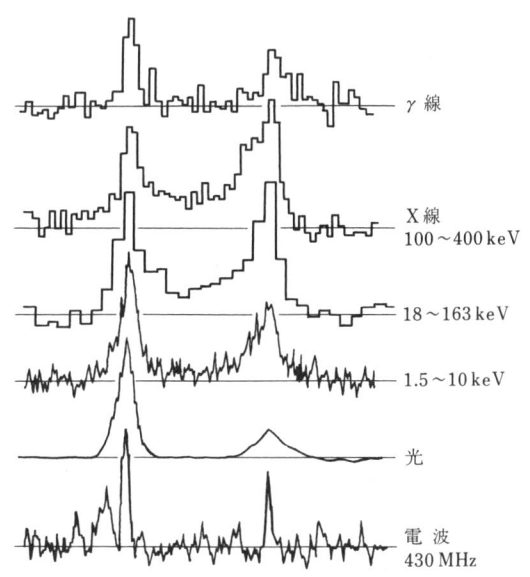

図4-8 かに星雲中のパルサーからの諸電磁放射に見られる周期性（周期：3ミリ秒）

いるのが現在観測されており，爆発後1000年近く経過しているのに，現在も活発に活動していることが明らかにされている．

図4-7に示したかに星雲は，私たちから5500光年ほど離れた距離のところに形成されているから，超新星爆発が起こったのは今から6500年も前のことである．このガス雲の中に見えるパルサーは，今も3ミリ秒ほどで自転しており，誕生直後のパルサーの自転周期は多分，きわめて短いものであったと推測される．

ここでもう一つの例を上げると，こちらは私たちから200パーセクほどの距離にあるゲミンガと命名されているパルサーである．このパルサーは，図4-9に示すようにγ線放射の検出から，このような天体であると同定された．電波放射の強度は弱く，この天体はすでに発生から35万年ほど経っているものと推定されている．ただここで注意したいことは，このパルサーの元となった超新星爆発に伴って星間空間に放出されたガス雲中を，太陽が走行中であるということである．このガス雲は，陽子が数密度で0.02個/cm³程度，等価温度10^6 Kで，軟X線と高度にイオン化した酸素（$^{16}_{8}$O）ほかの原子からの紫外線

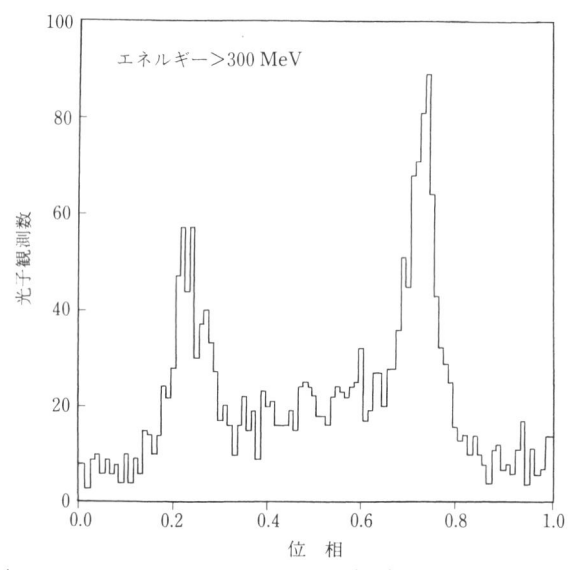

図4-9 ゲミンガ・パルサーからのγ線放射に見られる周期性[14]

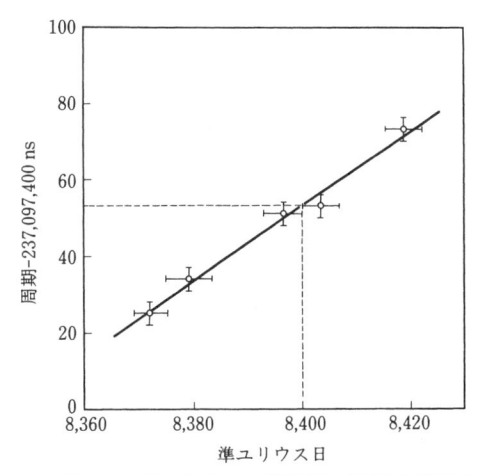

図 4-10 ゲミンガ・パルサーからのγ線放射の周期は延びていっている[14]

で輝いている．

　パルサーは発生後，長い時が経過すると自転周期が延びていくが，ゲミンガ・パルサーの場合，γ線放射周期が短い期間に著しく長くなっていっていることがわかる．観測結果を図 4-10 に示しておく．

　前にふれたように，パルサーの理論的なモデルはゴールドによって考察されたものが最初であったが，そのモデルは，現在でも基本的に正しいと考えられている．中性子星に凍結された磁場は極端に強くなっても，基本的には双極子型の構造を維持しており，両磁極の上空から強力な電磁放射をなすものと想定

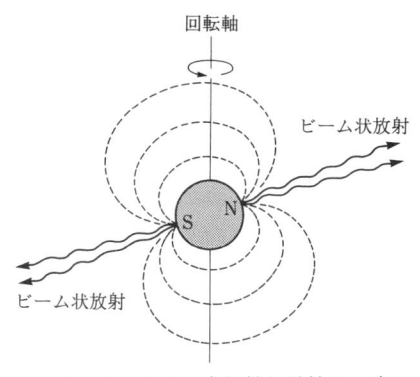

図 4-11 パルサーのモデル．自転軸と磁軸が一致していない

されている．このモデルは図 4-11 に示したようなもので，双極子型の磁場の両極を結ぶ磁軸と自転軸とは一致していない．磁軸が地球のほうに傾く位置にきたとき，両極上方から放射される γ 線や電波が強く観測されることになり，図 4-8 や図 4-9 に示したように，これらの放射がパルス状になって観測されるのである．

4.4 ブラックホール

相対論的な星の構造について研究した時に，シュバルツシルドの半径の内側に星が形成されていれば，図 4-5 に示したように，この星から放射された光はこの半径の内側に閉じこめられてしまい，この半径の外側に出てくることはない．そのため，外部からこのような天体を観測により捕えることができない．これがブラックホールという名称の由来である．

ブラックホールとなる星の質量については，太陽の 8 倍程度以上が必要である．このようになるのは，重力崩壊によって潰れた星の質量が，星の周囲に形成する重力場が十分に強くなるだけあり，図 4-3 に示した場合が実現できていなければならないからである．相対的にみて，大質量の星でなければならない

強力な重力場による空間の歪み

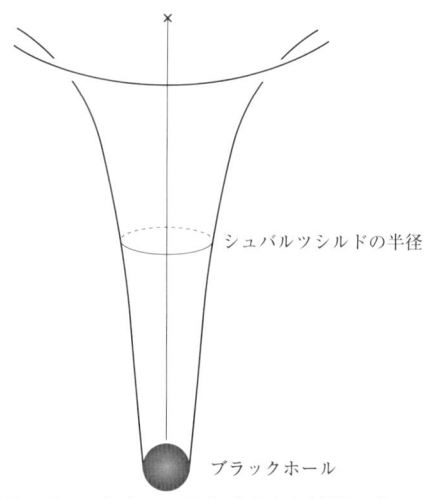

図 4-12　ブラックホールからは光すら外部へ出ていけない

のである．そのため，図4-12に示したように，星の表面から外部に向けて放射された光はシュバルツシルドの半径内に閉じこめられており，やがてふたたび星の表面にまで戻ってきてしまう．ブラックホールも中性子星であるが，パルサーとして外部に光やX線，γ線などの電磁波を放射する天体の質量の上限は，太陽質量の8倍以下，下限は太陽質量の3倍ほどのところにある．これより軽く，チャンドラセカールの限界質量より重い星が超新星として爆発した場合には，跡形もなく雲散霧消してしまうものと推測されている．中性子星が形成されるに足るほどの強い重力場を，重力崩壊によって作り出すことがないからである．

ブラックホールはすでに注意したように，どんなものでもシュバルツシルドの半径の内側に飛びこむ際にバラバラに破壊されてしまう．したがって，この天体には物質の構成という点からみて何の特徴もない．反物質も，重力場の作用を受けるので，ブラックホールは全然区別しないで取りこんでしまう．ただ，内部で物質と遭遇し消滅してしまうので，ブラックホールの質量の減少を引き起こすことになる．現実の世界は物質から構成されているので，このような事態の発生は予想しえないが，ブラックホールの近傍でも電子・陽電子の生成・消滅のような"仮想"な状況が常に起こっており，反物質の陽電子がシュバルツシルドの半径の内側に飛びこむような事態が生じると，電子が周囲の空間へと飛び去っていくことになる．このような仮想的な状況が，ブラックホールの近傍でも常に起こっているものと推測されている．

4.5　X線星

太陽の光球温度はほぼ6000 Kであるが，太陽大気の外延部にはコロナと呼ばれる100万Kに相当する希薄なイオン化（電離）した大気が広がっている．そこには，黒点群の上空からの磁力線が複雑に入り組んだ構造を作りあげている．磁力線には電子やイオン化した原子の運動を制御する作用があるため，これらの粒子は磁力線に沿って運動する性質を示す．電子とイオンとが遭遇すると，第2章で述べたように，制動放射を電子がおこなうが，100万Kの温度に相当する電子はこの放射機構により，紫外線から軟X線（波長10〜100 nm）にわたる電磁波を放射する．このようなわけで，太陽コロナはX線領域のよい

電磁放射体となっている．磁力線によって運動を制御されている電子やイオンからの電磁放射は，その観測を通じて黒点群上空の磁場構造について明らかにする手掛かりを与えてくれる．

太陽のようにコロナと呼ばれる高温の大気をもつ星は，太陽よりも質量の小さい K 型，M 型など表面温度が相対的に低い天体である．フレア星もこうした質量の小さい星である．主系列星であっても，O 型，B 型，A 型といった質量の大きな星々は表面温度が高く，そこからの X 線や紫外線の放射が観測されているが，太陽コロナのような膨大な高温大気をもたないので，X 線星と呼ばれるような存在ではない．

X 線を強く放射する天体として注目されるのは，放射された X 線の強度が周期的に変化しているものである．この周期変化は，単一の星自体が作りだすのではなく，連星系を成す星の片方にかかわりがある．その一例は，図 4-13 に示すように，2 重星の片方が進化して白色矮星の段階にあるのに，もう一方の星が赤色巨星の段階にあるといったように，進化の段階に時間差がある場合である．膨大な大気をもった赤色巨星から大気の一部が相手の白色矮星に流れこむ際に，大気が加速されてそこから X 線や γ 線が周囲の空間に向かって放射さ

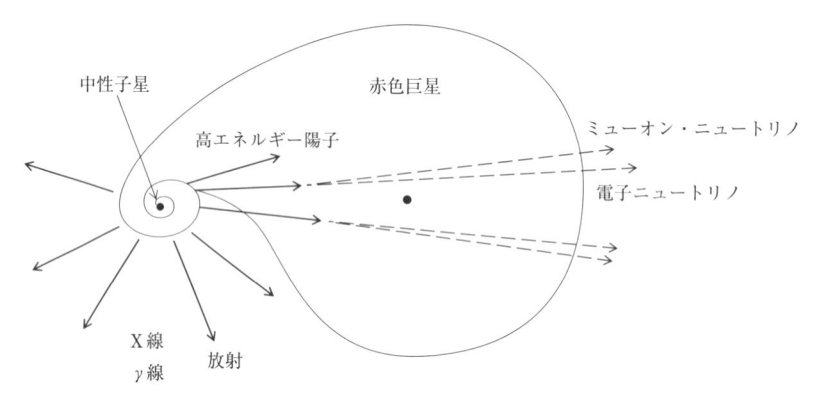

赤色巨星の膨大な大気中で，高エネルギー陽子はパイオン，ミューオンなどを生成，それからミューオン・ニュートリノ，電子ニュートリノなどが作られる

図 4-13 X 線や γ 線を放射する連星系．加速された高エネルギー粒子が赤色巨星に突っこみ，核反応を引き起こし，ミューオンや 3 種のニュートリノを生成する

れる．この放射強度は，これら2星の地球に対する幾何学的な関係によって変化するが，赤色巨星の膨大な大気によって相手の白色矮星が地球から隠されてしまうと，X線やγ線が私たちに届かなくなる．そのため，強度に周期的な変化が生じるのである．

白色矮星に流れこんでいく大気の一部は高エネルギーに加速されると推測されるが，これら加速された粒子が赤色巨星の膨大な大気中に飛びこんで，大気中の陽子その他の原子核と出会い原子核反応を起こす場合がある．この反応により生成されたミューオンやミューオン・ニュートリノ，電子ニュートリノなどの素粒子の一部は，この膨大な大気中を通り抜けて外部の空間に広がっていく場合の存在が予想される．この反応によりγ線も生成されると推測されるが，膨大な大気にはばまれてエネルギーを失い，外部へと放射されていく可能性はきわめて低いと考えられる．

X線星の代表的なものは，前にふれたことのある超新星爆発に伴うものと，爆発後の生成されたパルサーからの強力なX線放射である．超新星爆発を今から2万年ほど前に引き起こした残骸だと考えられているはくちょう座にある網状星雲（ヴェール星雲ということもある）の内側には，現在も数100万Kの高温のガスが広がっており，X線で強く輝いているのが観測されている．その

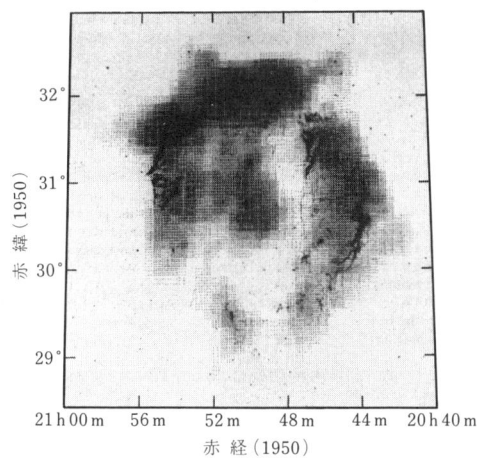

図4-14 ヴェール（網状）星雲内部から放射されるX線．超高温のプラズマが星雲の内部に存在している[11]

様子は，図 4-14 に示されているように，現在も膨張を続けている網状星雲のすぐ内側でX線放射が強くなっている．網状に広がるガス雲は，水素原子が励起されて強く輝いているのが観測されているが，超新星爆発によって形成された衝撃波面のすぐ内側で水素原子が励起されているのであろう．

4.6 γ線星

　γ線は，硬いX線（1～10 nm の電磁放射）よりさらに波長が短い電磁放射である．X線やγ線の領域では，波長の逆数に電磁放射のエネルギーは比例するので，γ線のエネルギーはきわめて高いことになる．したがって，γ線の放射にかかわる粒子のエネルギーは極端に高いはずである．このようなわけで，次章でふれる宇宙線と呼ばれる高エネルギーの陽子を初めとしたいろいろな原子核や電子がγ線放射天体の振る舞いと因果的にかかわっていることになる．

　X線星についてふれたとき，X線の放射が電子の制動放射機構によると述べた．制動放射の効率は，電子がどれだけ強くその運動の向きを変えられるか，言い換えれば，電子の加速度の大きさにかかわる．そうしてその効率は，この加速度の大きさの2乗に比例することが理論的に示されているから，どれほど激しく電子が運動の軌道を曲げられるかにかかっている．制動放射の機構は，図 2-3 に示したように原子核の正電荷による加速度に関係しているが，互いの接近距離が，この加速度の大きさを決めることも了解できることであろう．図 2-3 に示したことであるが，電磁放射が放射されていく方向は，電子の運動の向きに大体一致している．

　γ線を生成する機構は，制動放射のほかに光子と高エネルギー陽子や電子との衝突による光子のエネルギーの獲得現象である．光子が陽子か電子に衝突して跳ね飛ばされると，光子がエネルギーを陽子や電子からもらう（獲得）ので，この機構はコンプトン効果と呼ばれる現象と逆であり，逆コンプトン効果と呼ばれている．この現象がどのような過程なのかについては，図 2-5 に示してある．跳ね飛ばされた光子のエネルギーがγ線エネルギーの領域に入るが，超新星からのγ線放射に逆コンプトン効果によると考えられるγ線が観測されている．

　制動放射機構や逆コンプトン効果によるγ線のスペクトルは，波長（また

は，周波数）に対して連続した，いわゆる連続スペクトルとなっている．このような連続スペクトルとなるγ線放射に対し，波長または周波数が固定されたいくつかのγ線放射機構の存在が知られており，こちらは非連続スペクトルを示す．

太陽もフレアと呼ばれる爆発現象に伴う高エネルギー粒子群の生成機構とのかかわりで，これら粒子がコロナ内で引き起こした原子核反応で生成した中性子が，光球かその上空に存在する陽子や水素原子と融合した際に放射されるγ線がある．

$$p + n \rightarrow {}_1^2H + \gamma \,(2.223 \text{ Mev}) \tag{4-15}$$

この式のpとnは前に用いた時と同様，陽子と中性子である．この融合により生成された重水素核（${}_1^2H$）の結合エネルギーに相当するγ線が放射されるのである．

また，加速されて高エネルギーとなった陽子ほかの原子核は，先にみたように中性子だけを生成するのではなく，大量のパイオン（$\pi^{\pm}, \pi^0$）も生成する．$\pi^{\pm}$粒子は1億分の1秒ほどの寿命で，ミューオン（$\mu^{\pm}$）に崩壊するが，これらの二次生成粒子も100万分の1秒という寿命で電子（$e^{\pm}$）に崩壊する．このうち，正電荷の陽電子（e^+）は大気中にある電子と遭遇し，対消滅し，γ線を2個放出する．この過程は次のように表される．

$$e^- + e^+ \rightarrow 2\gamma \,(\gamma = 0.511 \text{ MeV}) \tag{4-16}$$

中性パイオン（π^0）は10^{12}分の1秒という短寿命で，70 MeVを中心としたγ線を放出する．

$$\pi^0 \rightarrow 2\gamma \,(\gamma \sim 70 \text{ MeV}) \tag{4-17}$$

この崩壊により放射されるγ線は連続スペクトルを示すが，最も効率よく放射されるエネルギーが70 MeVを中心としているので，γ線放射天体からのスペクトルは，制動放射とπ^0粒子の崩壊によるものとの重ね合わせになっている．それに，陽電子・電子対消滅による線スペクトルを示すγ線が加わるのである．

表 4-1 (a) 励起された諸原子核からの γ 線光子のエネルギー
(b) r 過程により生成された放射性原子核からの γ 線光子のエネルギーと崩壊半減期

(a) 核種	γ 線エネルギー (MeV)
^{12}C*	4.43
^{14}N*	1.63 / 2.31
^{16}O*	7.12
^{20}Ne*	1.63

(b) 崩壊パターン	崩壊寿命 (年)	γ 線エネルギー (MeV)
^{56}Ni → ^{56}Co → ^{56}Fe	0.31	0.87 / 1.238 / 2.598 / 1.771 / 1.038
^{57}Co → ^{57}Fe	1.1	0.122 / 0.014 / 0.136
^{22}Na → ^{22}Ne	3.8	1.275
^{44}Ti → ^{44}Sc → ^{44}Ca	68	1.156 / 0.078 / 0.068
^{60}Fe → ^{60}Co → ^{60}Ni	4.3×10^5	1.332 / 1.173 / 0.059
^{26}Al → ^{26}Mg	7.5×10^5	1.809 / 1.130

上記 (a), (b) の過程のほかに, 次のような γ 線放射過程も存在する.
(1) 陽子の中性子 (n) 捕獲
  $^1_1$H + n → $^2_1$H + γ (2.223 MeV)
(2) 電子・陽電子対消滅
  $e^+ + e^- → 2γ$ (0.511 MeV)
(3) $π^0$ 中間子崩壊
  $π^0 → 2γ$ (平均 70 MeV)

γ 線放射にはさらに, 励起された原子核からの成分と, 超新星爆発のような現象に伴って生成された放射性原子核の崩壊による成分とが存在する. これらの γ 線は線スペクトルを示すから, これらの γ 線を検出することにより, 宇宙

4.6 γ線星　107

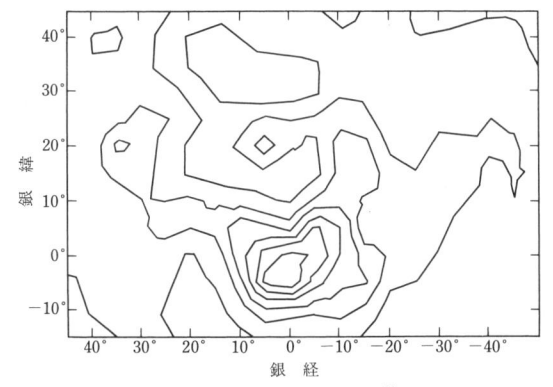

図 4-15 天の川銀河の中心方向からの$^{26}_{13}$Alの崩壊による1.8 MeV γ線放射強度の空間分布

空間でどのような物理過程が起こっているか推測することができるというわけである．いま上げたこれらの成分に，どのようなものがあるかについて，表4-1 にまとめておく．

　超新星爆発に伴ってすすむ元素合成の r 過程で生成された放射性原子核，たとえばニッケル核（$^{56}_{28}$Ni）が $^{56}_{27}$Co を経て $^{56}_{26}$Fe に崩壊する過程は，崩壊寿命が110日あまりで，この崩壊に伴う加熱が爆発により飛び散っていくガスに対して生じ，これが超新星爆発後の残骸からの光度変化曲線をほぼ説明できることが，1987 A と名づけられた超新星に対し示されている．

　アルミニウム核（$^{26}_{13}$Al）は，表 4-1 に示してあるように崩壊寿命が 7.5×10^5 年と比較的長い．この崩壊に伴う γ 線のエネルギーは 1.8 MeV で，この γ 線の観測結果の一例を示すと，天の川銀河の中心方向で強くなっている．図 4-15 に示すように，ループ 1（Loop I）と名づけられた古い超新星の残骸の中心方向でこの γ 線の強度が強くなっているので，この超新星と因果的なかかわりがあるのかもしれない．結論的なことはいえないが，最近になって天の川銀河の中心に太陽質量の 260 万倍もあるブラックホールの存在が確実となったので，この $^{26}_{13}$Al の崩壊による γ 線の放射とのかかわりを見直す必要があるのかもしれない．

5. 宇宙物理的な高エネルギー現象

　高エネルギーの陽子を初めとしたいろいろな原子核や電子が引き起こす電磁放射にかかわる諸現象は，すべて非熱的な過程から生じる．太陽面上で時おり発生するフレアと呼ばれる爆発現象に伴って加速，生成される高エネルギー陽子，その他の原子核は，かつて太陽宇宙線と呼ばれたように，銀河空間からその大部分が地球へ到来する銀河宇宙線とエネルギー的に匹敵する．また，フレアにより加速された高エネルギー電子は，黒点群上空に広がる磁場との相互作用により強く偏った電波を広帯域にわたって放射する．この電波放射は非熱的なものである．

　超新星爆発は，太陽フレアに比べれば，その規模は解放されるエネルギーについてみると 10^{20} 倍以上と想像を絶する高エネルギー現象である．この爆発に伴って放射される γ 線，X 線，広い周波数帯にわたる電波などすべて，非熱的な過程によるものである．この過程には必ず高エネルギー粒子の加速機構が伴っており，非熱的な成分である高エネルギー粒子を大量に作りだす．これらの高エネルギー粒子は，天の川銀河空間を，この空間に広がる銀河磁場により運動のパターンに変調作用を受けながら発生源から徐々に伝播していく．この天の川銀河中に漂っている高エネルギー粒子群が，宇宙線と現在呼ばれている．ここでは，宇宙線が超新星爆発に伴う加速機構を通じて直接作りだされたかのように述べたが，現在でも宇宙線の起源については確定的なことはまだわかっていない．

　前章で述べた X 線や γ 線の放射機構は，非熱的な過程にかかわったものである．これらの高エネルギー電磁放射には，高エネルギーの電子や陽子，その他の原子核が必ず関与しているから，宇宙空間に起こるのが観測されている高エネルギー現象にはすべて非熱的な物理過程が因果的に関係しているのである．

　この非熱的な現象を担う代表は，宇宙線（cosmic rays）と呼ばれる相対論

的な高エネルギーの陽子を初めとした原子核群である．高エネルギーの電子も宇宙線の一成分だが，電子群は発生源から地球近傍に辿り着く以前に，天の川銀河空間のアームに沿って広がっている銀河磁場との相互作用を通じて電波を放射してエネルギーを失ってしまう．したがって，宇宙線の成分としては，ごくわずかな部分を占めるにすぎない．しかしながら，この電波強度や偏りについて観測することから，銀河磁場の構造や強さなどの特性を見積もることができるのである．

5.1 高エネルギー現象とは何か

　前章で相対論的な星の構造について述べたが，そこで用いた相対論的という言い方は，強力な重力場を意識してのことであった．この章で使う相対論的という表現は，高エネルギー現象を担う陽子や電子などの粒子が相対論的な効果を考慮して初めて，これら粒子の挙動の本質が理解できるということにかかわっている．電子の静止エネルギーはほぼ 511 KeV，陽子のそれは 938 MeV（〜0.94 GeV）であるから，高エネルギーと形容したとき，電子や陽子の運動エネルギーが静止エネルギーと同じ程度かそれ以上の大きさであることを意味している．このような高エネルギーの粒子が，宇宙物理的な高エネルギー現象を引き起こしているのである．私たちが日常生活で経験する現象と隔絶した世界が宇宙空間で展開されているのである．この方面の研究分野は現在，高エネルギー宇宙物理学と呼ばれるようになっており，今日ではおそらく最も注目されている宇宙物理学の領域である．宇宙物理的な高エネルギー現象には，高エネルギーに加速された陽子ほかの原子核や電子が必ずかかわっているので，このような粒子を作りだす加速機構がこうした高エネルギー現象と密接に結びついている．高エネルギー現象と高エネルギー粒子の振る舞いとは，加速機構を通じて因果的につながっているのである．

5.2 宇宙線

　宇宙物理的な高エネルギー現象には高エネルギー粒子が必ずかかわっているから，これら粒子の加速機構が重要な役割を果たしているにちがいない．このことについては前節で少しだけふれたが，これら高エネルギー粒子に同定され

ると考えてよい宇宙線と呼ばれる粒子群が，どのような性質をもつのかについてまず考察することにする．

宇宙線と現在呼び慣わされている高エネルギー粒子群は，1912年にオーストリアのヘス（V. Hess）により発見された．この名称は cosmic rays の日本語訳で，英文からもこれは放射線の一種と考えられた命名だという推測が可能である．実際，発見当時，これは放射線の一種だと考えられ，このような名前を与えられたが，いつの間にか慣習化してしまい，我が国でも宇宙線と命名され今日に至っている．

宇宙線はおそらく，この宇宙に見つかる粒子群の中で，最も高いエネルギー領域に属する陽子を初めとした原子核と電子とから成る．宇宙線の化学組成は，粒子エネルギーによって少しだけ異なったものとなるが，大体の傾向は図5-1に示すように，宇宙空間に漂う星間物質や太陽のような主系列の星の化学

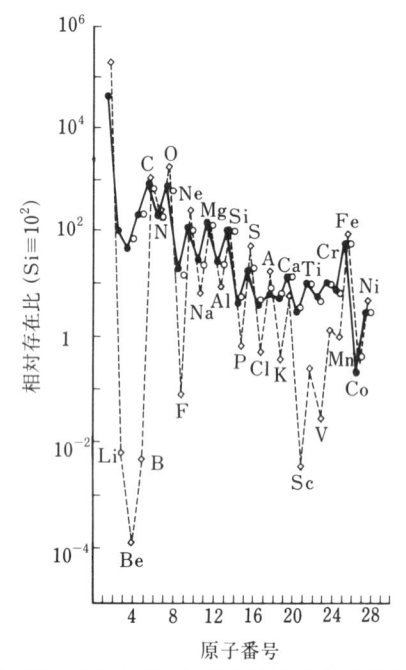

図 5-1 科学衛星により地球近くで観測された宇宙線の化学組成．粒子エネルギーにより大きく組成が変わるということはない．比較のため，太陽の化学組成を白丸で示す[16]

組成とよく似ている．例外と想定されるのは，リチウム（$^{7}_{3}$Li），ベリリウム（$^{9}_{4}$Be），それにボロン（$^{10}_{5}$B）の三つの原子核の相対的な存在量である．これらの元素は，図 1-10 に示した太陽の化学組成に比べて異常に多くなっており，宇宙線の天の川銀河空間における伝播に際して起こる星間物質との衝突による破砕反応に密接にかかわって生成されたのではないかと考えられる．

　宇宙線の化学組成は，大気圏外で科学衛星に搭載した粒子検出器により測定された結果の解析から，現在ではその大部分のデータがえられている．その際，粒子エネルギーと化学組成との関係がどのようになっているかについても注意が払われているが，化学組成は粒子エネルギーによって大きく変化することがなく，宇宙線のエネルギー・スペクトルのパターンは粒子成分によらず大

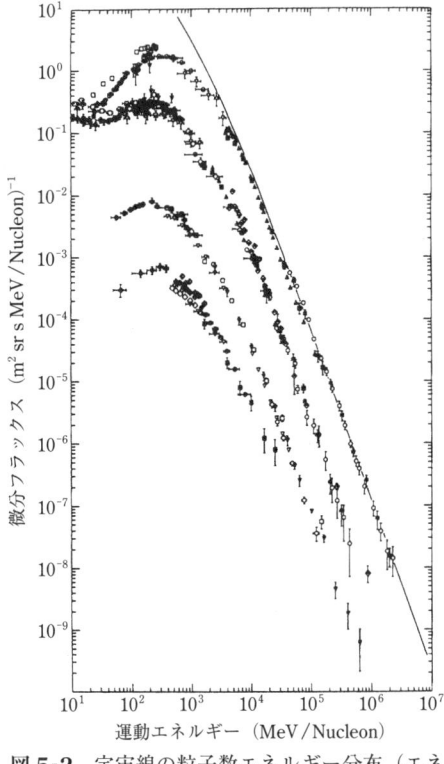

1A.U.における宇宙線のエネルギー・スペクトル．
上から順に，水素，ヘリウム，炭素，鉄．
直線は水素のスペクトルを太陽変調効果なしとして外挿した．
ヘリウムには〜60 MeV/n 以下の異常成分が重なっている．

図 5-2　宇宙線の粒子数エネルギー分布（エネルギー・スペクトル）．陽子，ヘリウム核，炭素，鉄の 4 成分を示す[16]

体一致している．現在えられているこのスペクトルのパターンを図 5-2 に示す．粒子エネルギーが高くなるにしたがって，宇宙線の存在量は急激に減少することがわかる．

図 5-1 に，地球の近くの空間で測定された宇宙線の化学組成と，その比較のために太陽の化学組成が示してある．前者が後者に $^{7}_{3}\text{Li}, ^{9}_{4}\text{Be}, ^{10}_{5}\text{B}$ などの軽い原子核を除けば，よく合っている．この地球近傍における観測結果を用いて，宇宙線の発生源における物質，すなわち，宇宙線源物質の化学組成が，太陽の化学組成とどの程度の相異があるかについて，各元素の一次電離ポテンシャル（FIP）と太陽の化学組成に対する宇宙線物質のそれとを，たとえば，ケイ素（$^{28}_{14}\text{Si}$）で規格化して比較すると，図 5-3 に示すような結果がえられる．当然予想されることであるが，宇宙線源物質の化学組成には，宇宙線が発生源から観測点まで辿りつく間に，どのような核反応や銀河磁場による影響を受けるか

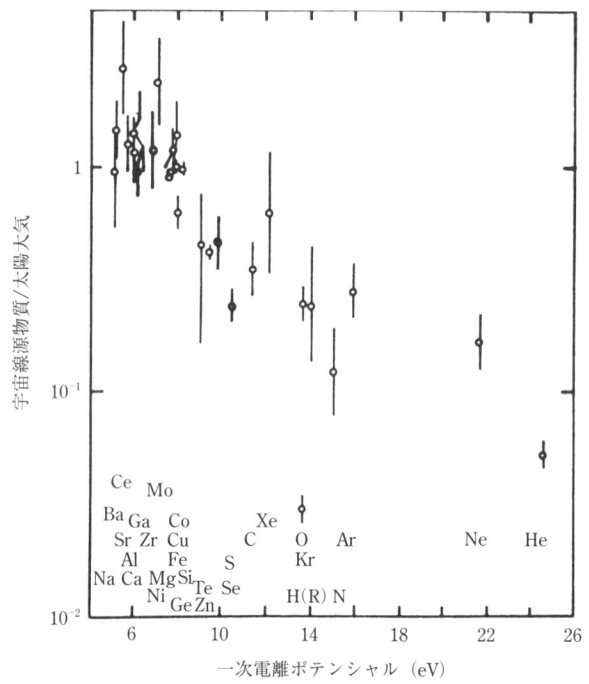

図 5-3 太陽の化学組成に対する宇宙線の化学組成の各原子核存在比を原子状態における一次電離ポテンシャルによる表現[12]

といった物理過程によるさまざまな変調効果があるので，そのことを考慮に入れなければならない．図5-3に示したように，一次電離ポテンシャルの高い元素が宇宙線源物質中に少なくなる傾向は，しかしながらはっきりと見てとれる．

宇宙線源物質の化学組成が原子の一次電離ポテンシャルに強く依存して変わっていることは，宇宙線源物質が生成される場が超新星爆発に伴って急激に膨張していく，10億Kにも達する超高温のガス物質中にあるのではないことを強く示唆している．だとしたら，宇宙空間のどのような場で宇宙線源物質が生成されるのかについて，もっとちがった視点から研究してみなくてはならない．

宇宙線源物質が，銀河空間に浮遊している星間塵や隕石，あるいは，太陽系形成グレインのような低温物質に因果的にかかわっているとしたら，これらの浮遊物質が形成される凝縮の過程が重要な役割を果たしている可能性がある．これについて，その妥当性を検討するには，凝縮の過程に密接にかかわる元素の凝縮温度と宇宙線源物質の化学組成とを比べてみることである．この比較を

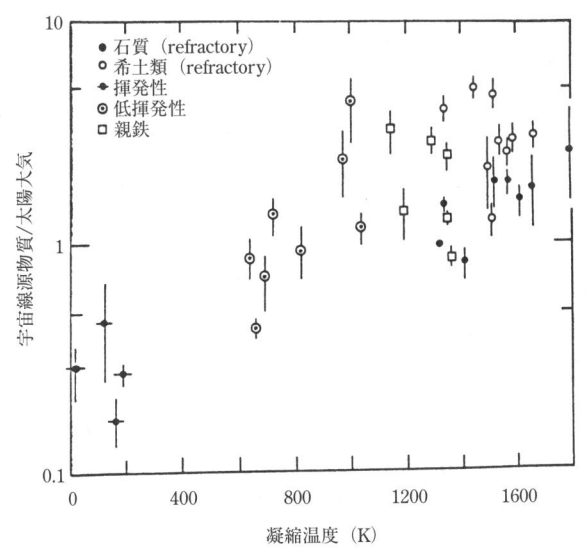

図5-4 図5-3に示した各原子核存在比と原子の凝縮温度との関係．この温度の高い原子核が，宇宙線の化学組成に反映している[12]

実施した結果は，図 5-4 に示すように，この温度の高い元素群が宇宙線源物質に，太陽の化学組成に比べて過剰に含まれていることがわかる．この結果は，宇宙線源物質は超新星爆発やウォルフ・ライエ星からの強力なガス風などから，銀河系空間に放出されたガスが塵状に固化した星間塵やグレインから成るということを強く示唆する．

宇宙線と呼ばれる高エネルギー粒子がどのような過程により加速・生成されるのかについては，まだ不明の点が多いので近い将来に解決されることはないのではないかと推論されている．しかし，宇宙線の天の川銀河空間内における平均のエネルギー密度は，1 eV/cm^3 程度で，この大きさは銀河磁場，銀河空間におけるガス運動，星々からの光の三つのエネルギー密度もそれぞれ 1 eV/cm^3 ほどなので，天の川銀河の構造形成に宇宙線が重要な役割を果たしていることはまちがいない．

天の川銀河空間内に存在するいろいろなエネルギー密度の平衡に，宇宙線と私たちが呼ぶ高エネルギー粒子が本質的にかかわっているという事実は，これら粒子の生成機構，言い換えれば，加速機構が宇宙物理的な諸現象の起源と因果的に関連していることを示唆する．この高エネルギー粒子の加速機構について，超新星爆発に伴って発生した衝撃波による加速がかつて提案されたことがあったが，先に述べたように，宇宙線源物質の化学組成が，星間塵やグレインのように銀河空間で星間分子ガス雲中で凝縮した物質のそれと非常によく似ていることから，超新星爆発から発生した衝撃波による爆発により放出された物質の直接加速であるとすることは現在不可能視されている．

とはいうものの，宇宙線の加速機構は電荷を帯びた粒子の振る舞いにかかわるものなので，電気力学的な過程でなければならない．荷電粒子の電磁場内における運動方程式は，

$$\frac{d\boldsymbol{P}}{dt} = Ze(\boldsymbol{E} + \boldsymbol{v} \times \boldsymbol{B}) \tag{5-1}$$

と与えられる．式中の $\boldsymbol{P}$，Ze，$\boldsymbol{E}$，$\boldsymbol{v}$，それに $\boldsymbol{B}$ はそれぞれ，荷電粒子の運動量，電荷（Z は原子番号，e は単位電荷），電場，粒子の速度，それに磁場である．プラズマ内では電場 $\boldsymbol{E}$ は，プラズマの運動速度を $\boldsymbol{V}$ とおくと

$$E = -(V \times B) \tag{5-2}$$

と求まるから，これを式 (5-1) に代入し，それに v をスカラー的に掛けて変形すると，

$$\frac{dW}{dt} = v \cdot \frac{dP}{dt} = ZeV(v \times B) \tag{5-3}$$

となる．W は荷電粒子のエネルギーである．この式は，電場 (5-2) により，荷電粒子が加速されることを示す．

　磁場がプラズマに凍結されて運動し，誘導した電場が式 (5-2) で与えられ，この場によって粒子が加速されるが，このプラズマの運動が乱流的に起こっている場合には，粒子と電場との出会いがランダムに起こり，粒子はこの出会いのたびに跳ね飛ばされながら加速されていく．このような加速過程は，フェルミ加速と呼ばれている．フェルミ (E. Fermi) が 1949 年に，このような加速機構を初めて提唱したことによる．現在ではこの電場が，磁場を帯びたプラズマの超音速運動に起因する衝撃波によるものと想定し，この電場と荷電粒子との遭遇による加速過程が有効なものとされている．しかしながら，加速機構については，今までのところ最終的だと多くの研究者から受け入れられるようなものは提案されていない．

5.3　電波放射—電子成分の働き

　宇宙空間で加速された後，宇宙線の一部を電子成分が担っているが，地球近傍でなされた観測結果によると，陽子ほかの原子核群に比べて数分の 1 にしか達しない．自然界が正負と二つの電荷成分から成るのが当然と想定されているのに，地球近傍に到来する電子成分が過少となっている理由があるにちがいない．

　この理由は，天の川銀河空間からの電波放射のバックグランド成分の大部分が，高エネルギー電子群と銀河磁場との相互作用によるシンクロトロン機構から放射されていることにある．この磁場は銀河の円板領域に沿うように広がっていることから，高エネルギー電子群は，この磁場内でジャイロ運動を通じて広帯域にわたる電波放射をおこなう．そのため，銀河面に対し垂直の方向に電

波放射が強く偏ることになる.

　シンクロトロン放射機構とは，高エネルギー粒子加速器，シンクロトロンにより電子を相対論的エネルギーに加速したとき，加速器内の磁場によりこの電子が激しく運動の軌道を曲げられる時に，光が強く放射される原因の究明から明らかにされた電磁放射の機構である．軌道を曲げられるとは，電子が磁場によりその垂直方向に加速を受けることで，電磁放射の機構は放射の効率が加速度の2乗に比例することを示している.

　磁場内における電子の運動方程式は，式 (5-1) から

$$\frac{d\boldsymbol{P}}{dt} = \mathrm{e}(\boldsymbol{v} \times \boldsymbol{B}) \tag{5-4}$$

と与えられる．$\boldsymbol{P}$ は電子の運動量であり，$\boldsymbol{v}$ は電子の速度である．加速を受けるのは磁場に垂直な速度成分であるから，それを"⊥"の記号で表したとき，$\boldsymbol{P}_\perp$, $\boldsymbol{v}_\perp$ のみを考慮すればよい．したがって，$\boldsymbol{P}_\perp = m\gamma\boldsymbol{v}_\perp$ と書けるから

$$\frac{d\boldsymbol{v}_\perp}{dt} = \boldsymbol{v}_\perp \times \boldsymbol{W}_0 \tag{5-5}$$

のように変形できる．$\boldsymbol{W}_0$ は，電子の磁場中における角速度で $\boldsymbol{W}_0 = \boldsymbol{W}_B/\gamma\, (= \mathrm{e}\boldsymbol{B}/\gamma m)$ （m は電子の静止質量）と表される．$\boldsymbol{W}_B$ が，非相対論的な場合の角速度である．いま，電子の磁場に対するピッチ角 (a) を図 5-5 に示すようにとると，$|\boldsymbol{v}_\perp| = |\boldsymbol{v}|\sin a$ ととれる.

　電磁放射の効率は $\dfrac{2\mathrm{e}^2}{3c}\left(\dfrac{d\boldsymbol{v}_\perp}{dt}\right)^2$ であることが求められているので，この結果を用いるとこの効率 (dw/dt) は

$$\frac{dw}{dt} = \frac{2}{3c}\left(\frac{\mathrm{e}^2\gamma v}{mc}\right)^2 B^2 \sin^2 a \tag{5-6}$$

と与えられる．式中のピッチ角に対する表現から，磁場の垂直方向に電子が運動しているとき，放射が最も強くなることがわかる．また，ピッチ角 a で電子が運動している場合には，その運動の向きに放射の大部分が集中している．その様子は，図 5-5 に示すように放射はピッチ角の向きに運動している電子から生じる．その際，放射の強さの角分布は，磁場に垂直の方向で最大となる．このことは，放射の強さ分布には偏りが生じ，それが磁場の垂直方向で一番強くなっている（図 5-6）.

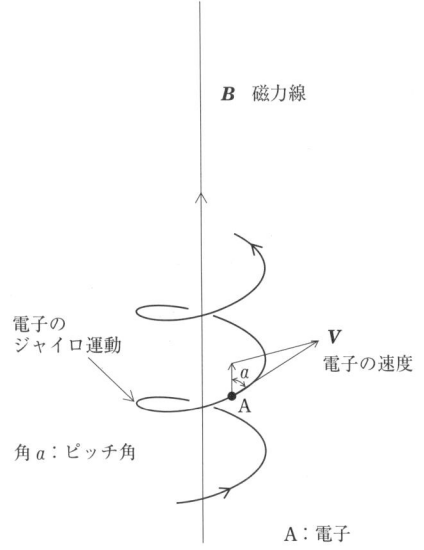

5.3 電波放射—電子成分の働き　117

図 5-5　高エネルギー電子の磁場内におけるジャイロ運動

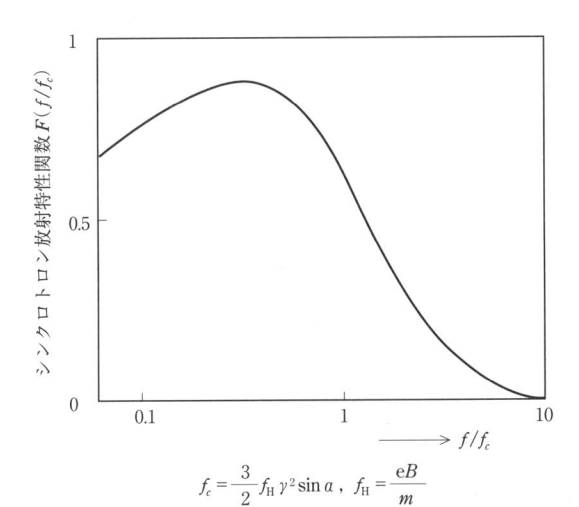

$$f_c = \frac{3}{2} f_H \gamma^2 \sin a, \; f_H = \frac{eB}{m}$$

（e：電子電荷，m：電子質量，B：磁場強度，
　γ：ローレンツ因子，a：ピッチ角）

図 5-6　電子のジャイロ運動によるシンクロトロン放射機構の特性

118　5. 宇宙物理的な高エネルギー現象

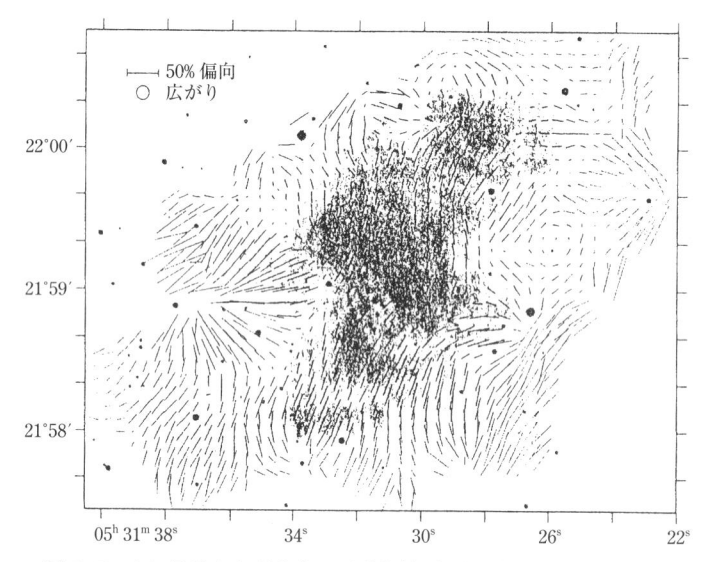

図 5-7　かに星雲から到来する電磁放射（可視光）の偏りの特性[5]

実際にこの偏りを観測することにより，たとえば，図 4-7 に示したかに星雲からの可視光や電波の偏りを用いて，この星雲の磁場構造が図 5-7 に示すように明らかにされている．また，クエーサーや活動銀河から放出されているジェットの磁場構造も，この偏りを観測することにより大きなスケールでみた姿

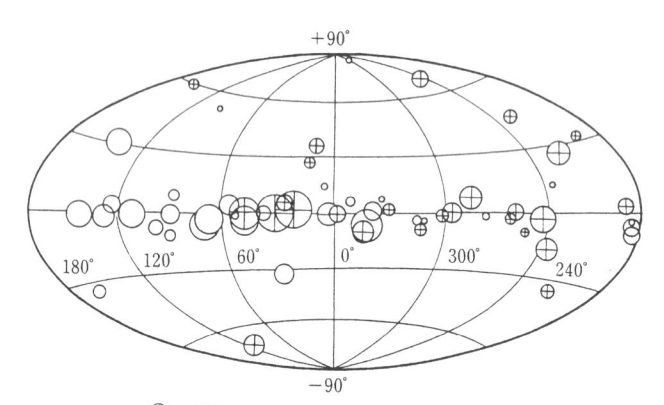

○：磁場がこちら向き，⊕：磁場がむこう向き
丸の大きさは磁場の強さを表す．

図 5-8　天の川銀河面（円板領域）付近の磁場の向き[14]

5.3 電波放射―電子成分の働き 119

が明らかにされている．太陽コロナの下部領域で起こる太陽フレアと呼ばれる爆発に伴って加速・生成された高エネルギー電子が放射するIV型電波バーストと命名された広帯域にわたる成分も強く偏っており，その観測結果を利用して，フレア領域の磁場構造が明らかにされている．

　天の川銀河から到来する非熱的な電波放射は，波長がメートル（m）の領域からセンチメートル（cm）にわたる広帯域成分から成るが，それらの偏りを観測に基づいて決定することを通じて，天の川銀河磁場の構造を推測することができる．この磁場の平均的な強さは5マイクロガウス（$\mu\Gamma$）ほどであるこ

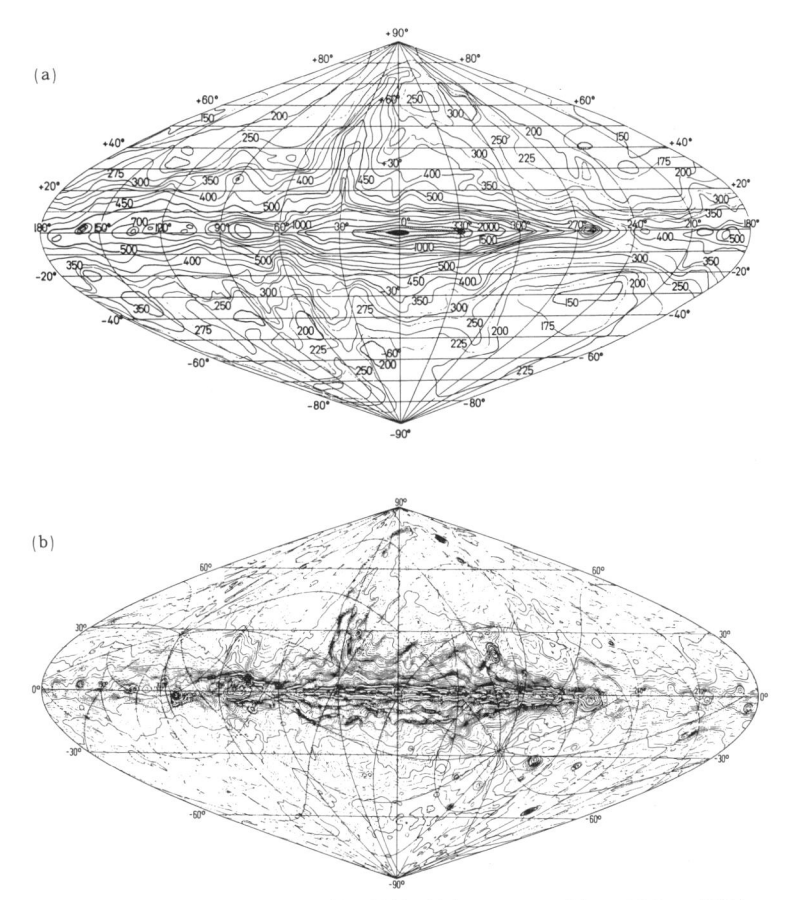

図 5-9　天の川銀河内の電波放射の特性（(a) 150 MHz, (b) 408 MHz の電波）

とが光の偏りの観測からわかっているが，電波観測から磁気ベクトルの向きも観測可能なのである．このような手続きにより推測された銀河磁場の向きを図 5-8 に示す．相対論的エネルギーにまで加速された電子は，電波放射によってエネルギーを失い，天の川銀河のバックグランドの電波放射成分となる．この成分は，図 5-9 に示すように銀河の円板領域で最も強くなっているが，この結果は，磁場がこの円板領域内にアームに沿って分布するようになっていることと密接にかかわっている．また，次節で述べるように，これら高エネルギー電子は，天の川銀河空間に存在する水素原子による制動を受け，連続スペクトルを示す γ 線放射にも強くかかわっている．水素原子がアームに沿って分布する傾向を示すことから，この γ 線放射の強い領域も円板領域に沿っているのである．このように宇宙線の電子成分は，天の川銀河空間を運動している間に，エネルギーの大部分を電磁放射を通じて失ってしまう．このことは，地球近傍に到来し宇宙線成分として観測される電子は，もしかしたら太陽系に最も近い空間にあって，今から1万年前後以前に超新星爆発を起こしたと推定されている大質量星の残骸であるガム（Gum）星雲からのものなのかもしれない．

5.4 高エネルギー電磁放射——X線と γ 線

　電波成分を構成する光子は，X線や γ 線の光子に比べるとエネルギーでは何桁も小さいが，高エネルギー電子が放射にかかわっているので前節で電波放射について扱った．この節では，高エネルギー電子の制動放射機構による高エネルギー光子，言い換えれば，X線や γ 線の放射が超新星の残骸とその周辺や，天の川銀河におけるバックグランド成分に対し，どのような姿を示しているかについて概観することにする．

　超新星爆発を起こす星は，太陽質量の 1.4 倍以上の質量をもっていなければならない．O型やB型に分類される大質量の星々は種族Iに属し，大部分が天の川銀河の円板領域のアームに沿って分布している．これら大質量の星々の寿命は短く，最終的には超新星爆発を引き起こし，星の外層部を爆発とともに星間空間へと放出するから，アームには濃密な星間ガス雲が広がっている．そこでは，簡単な構造のいろいろな分子が合成されているので，巨大分子雲という言い方もしばしばなされている．したがって，高エネルギーにまで加速され

た電子群が星間ガス雲中の水素原子などと遭遇し，制動放射の機構を通じてX線やγ線の放射に関与するのだから，これらの放射強度はアームに沿って高くなっているものと予想される．X線やγ線のバックグランド放射の強度が，天の川銀河の円板領域で強くなっていることが予想されるのである．

γ線のバックグランド放射の天の川銀河空間における強度分布をみると，先の予想によく合った観測結果がえられている．γ線天文衛星 COS-B によってえられた観測結果は，図 5-10 に示したように銀河の円板領域に沿って強力なγ線放射領域が広がっており，円板領域から視線方向で南北に 10°ほど離れると，放射強度がきわめて弱くなっていることがわかる．X線についてもよく似た観測結果がえられている．

γ線放射の機構については，第 4 章でふれたように，制動放射以外に逆コンプトン効果によるもの，宇宙線の陽子が星間ガスとの衝突により生成したパイオン，$\pi^{\pm}$, π^0 からの 2 次成分からのγ線放射がある．$\pi^+ \rightarrow \mu^+ + \nu_\mu$, $\mu^+ \rightarrow e^+ + \nu_e + \nu_\mu$ という二つの過程から生成された陽電子（e^+）と，星間空間に存在した電子（e^-）との対消滅による 511 KeV の特性γ線や，$\pi^0 \rightarrow 2\gamma$ という，いわゆるγ崩壊からの 70 MeV を中心としたγ線放射があり，それらが制動放射によるγ線の連続スペクトルに重なっている．したがって，天の川銀河から到来するγ線放射の強度のスペクトルは，図 5-11 に示すようにいくつかの成分が加え合わさったものとなっているのである．

X線放射については，前章でふれたように，100 万 K かそれ以上に達する高温プラズマからの制動放射による成分が卓越するので，γ線放射に見られる天の川銀河空間におけるバックグランド放射の強度はあまり強くない．このことは，この空間には高温のプラズマ雲が存在しても，ごく稀であることを示している．しかし，超新星残骸や，O 型，B 型に分類される，いわゆる白色巨星から放射されるX線は点源となって，数多く天の川銀河の円板領域に沿って観測されている．これらの点源は，天の川銀河空間内で図 5-12 に示すような分布を示している．γ線放射点源も，超新星残骸と一致する例が多数観測されており，観測結果は図 5-13 に示すようになっている．

γ線やX線で観測される放射点源の多くが超新星の残骸に同定されるという事実は，これら残骸中かその周辺で，高エネルギー陽子や他の原子核が電子と

122 5. 宇宙物理的な高エネルギー現象

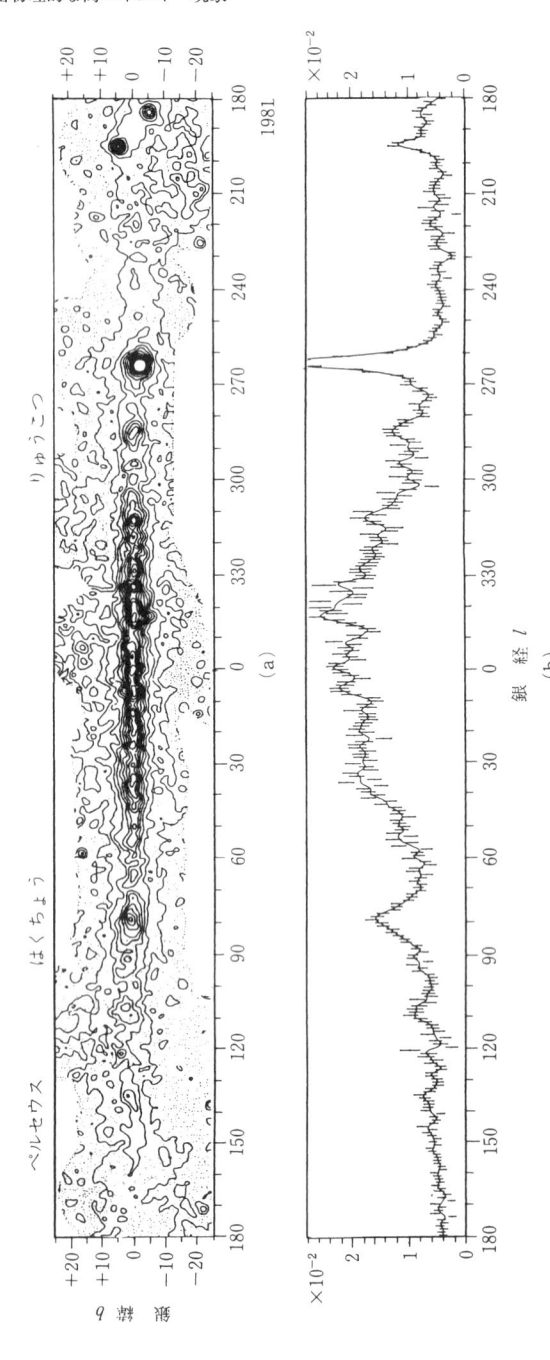

図 5-10 天の川銀河内の γ 線放射強度の空間分布[14]

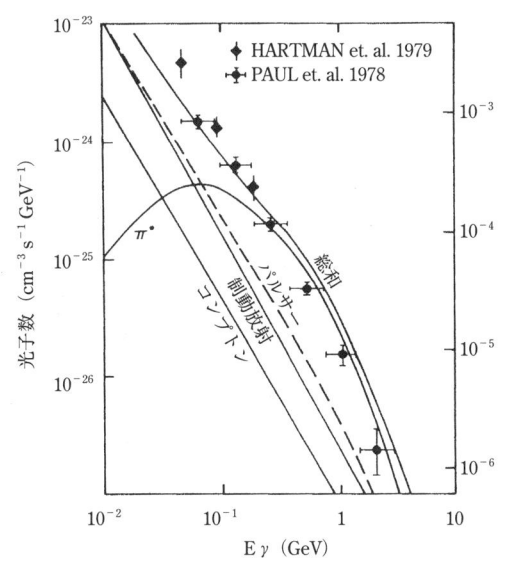

5.4 高エネルギー電磁放射—X線とγ線　123

図 5-11　天の川銀河内のγ線放射強度スペクトル（地球近傍での観測）[2]

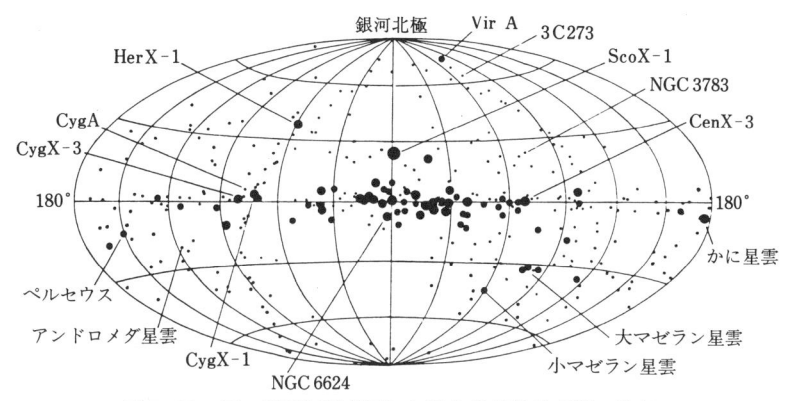

図 5-12　天の川銀河面付近におけるX線放射点源の分布

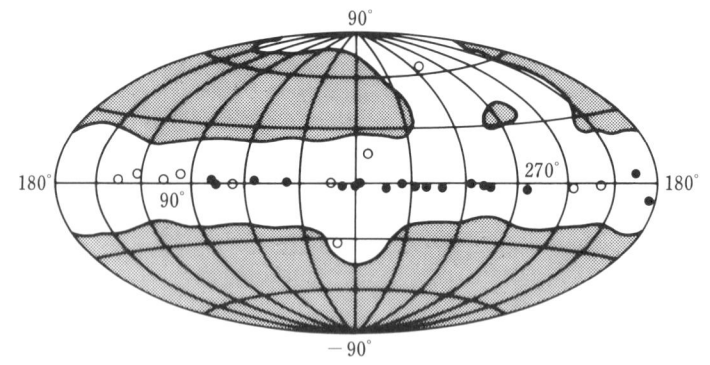

図 5-13　天の川銀河内の γ 線放射点源の空間分布

ともに加速・生成されることを強く示唆している．

5.5　γ線バースト

　超新星の残骸のように超高温のガスに取り囲まれた領域では，現在もその多くから強力な γ 線放射が観測されている．これらについては，前章において γ 線星について述べた時にふれた．ここでこれから述べるのは，偶然発見されたという経緯をもつ γ 線放射点源で，しかも放射の継続時間がきわめて短いという特徴がある．放射は突発的に始まり，最高強度に達する時間で最も短いのは 10^{-4} 秒と極端に短いものさえある．最高強度に達したあと，数マイクロ秒から数百秒かかって減衰し，元の状態に戻る．このような特性から，γ 線バーストと名づけられている．

　1973 年にアメリカの核実験探査の検出を目的とした観測衛星が，地球外からの MeV 級の γ 線を先にふれたように偶然発見した．この γ 線バーストが相次いで見つけられるようになったのは，アメリカの γ 線放射観測衛星，コンプトン天文台（Compton Observatory）が，全天を観測して多数の γ 線バーストを検出したからである．この衛星に搭載した BATSE と名づけられた装置により検出されたこのバーストの空間分布をみると，図 5-14 に示すようにほぼ等方的に放射源が分布している．

　これらの放射源は，当初，天の川銀河内起源ではないかと推測されていたが，先ほどみたように，天球上等方的に分布していることから天の川銀河外起

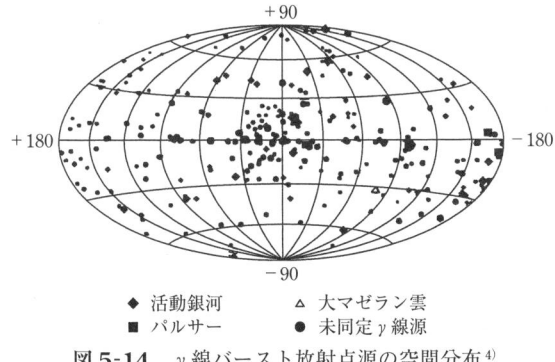

図 5-14 γ線バースト放射点源の空間分布[4]

源であると現在考えられている．また，放射源の中には，宇宙の膨張とかかわり私たちから遠ざかっているものも最近見つかっており，これらが天の川銀河外で起こった高エネルギー現象であることから，宇宙論的なものである可能性も指摘されている．ごく最近，γ線バースト検出の方法が進歩し，バーストが発生したことが明らかになった時に，地上からの光学観測，また，人工衛星からのX線観測が直ちに開始できるネットワークが考案され，実際に光学的な現象やX線の放射が捉えられている．

　γ線バーストに伴うγ線領域の放射総エネルギーは，天の川銀河内で発生する超新星1個から放射されるエネルギー，10^{51}から10^{52} erg 程度と見積もられている．したがって，ごく短い時間にこれだけのエネルギーが放射されるのであるから，著しく活発な爆発現象にかかわっているものと考えられる．

6. 銀河と銀河団

　私たち生命の源泉である太陽を含む天の川銀河は，4000億もの星々の集団と，星と星の間の空間に広がる低密度のガスやチリなどから成る．このように星々がたくさん寄り集まって一つの大きな集団となったものを，銀河（galaxy）と呼んでいる．銀河の形状や大きさは多種多様であり，多くの場合，いくつかの銀河が集団を成しているのが観測されている．この集団はさらに，相互の間に何らかの連携作用があるかのようにある種のネットワークを形成している．そうして，ネットワークの間には，全然銀河が存在しない空間を作りだしている．こうしたネットワークが，どのような機構を通じて宇宙の進化過程の中で形成されたのかについては，まだ明らかにされていないが，宇宙創造初期におけるエネルギー密度のゆらぎ，言い換えれば，物質密度のゆらぎに因果的にかかわっているものと思われる．実際に，宇宙の背景放射の観測を目的に打ちあげられた二つの科学衛星，COBEとWMAPは，この背景放射にゆらぎが存在することを観測により明らかにしている．

　天の川銀河の中心部に，太陽質量の260万倍もあるブラックホールのあることが最近見つかり，その周辺には小さな伴銀河があり，このブラックホールに向かって落ちこむような運動をしていることがわかっている．この伴銀河は，今後一億年ほどかかって天の川銀河本体に融合してしまうものと推測されている．このほか，天の川銀河には，二つの伴銀河である大小のマゼラン雲があり，これらは天の川銀河からの重力の作用を受けながら運動している．

　天の川銀河やアンドロメダ銀河にも，中心部には大量の物質が集積した領域が形成されており，先にふれたように，前者には大質量のブラックホールがある．しかし，これら二つの銀河の中心部は，活動銀河（Active galaxy）と呼ばれている中心部から吹きだしている円板領域の垂直方向の強力なジェットは見つかっていない．このジェットからは，強い電波やX線の放射が観測されてい

る．

6.1 銀河の基本的性質

　銀河は星々と星間物質から成る集合体である．天の川銀河やアンドロメダ銀河のように，中心部からジェットを噴出したりしない，いわば静かな銀河もあれば，M 82 と分類される銀河のように，爆発してジェットを放出しているものもある．また，中心部から円板領域に対し垂直の方向に，反対向きにジェットを吹きだしているものもある．このジェットには磁場があり，この磁場に捉えられた高エネルギー電子からのシンクロトロン放射機構による強力な電波放射を伴うものがある（図1-9をみよ）．

　アンドロメダ銀河は図1-8に示してあるように，星々の大部分は円板状に広がって分布し，円板領域を形成している．中心部が特に明るくなっていることは，そこに星々が密集していることを示す．中心部から縁のほうへ移るにしたがって明るさが減っていることは，星々の空間密度が小さくなっていることを示している．また，渦巻き状にいくつかのアームが中心部からのびている．中心部と周辺には，比較的質量の小さいオレンジ色の星々が群がっている．この銀河は，天の川銀河と大きさが同じ程度で構造も互いによく似た，いわゆる渦巻き銀河（Spiral galaxy）である．

　天の川銀河の伴銀河である大小二つのマゼラン雲は，不規則型銀河である．また，アンドロメダ銀河の伴銀河は二つとも大きさもかなり小さい回転楕円体のような形状をしている．天の川銀河は渦巻き銀河であるが，中心部が棒状を成し，その先のほうから星の分布がラセン状に渦を巻いていく，棒状銀河と呼ばれるものもある．こうした多種多様の銀河の形態的分類を試みたハッブル（E. Hubble）によると，その系統図は図6-1に示すようになるが，この図は銀河の進化のパターンとは何のかかわりもないことが現在ではわかっている．しかし，この図から銀河にはいろいろな形状のもののあることがわかる．

　天の川銀河の中を太陽は運行しているので，この銀河の構造を外から眺めることはできないが，天の川が円板領域に集中している星と星間ガスとから構成されていることから，アンドロメダ銀河と大きさも形状もよく似たものであることがわかっている．したがって，天の川銀河の構造を推測するには，アンド

128   6. 銀河と銀河団

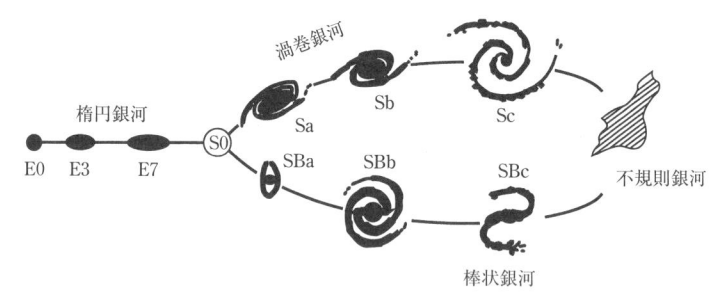

図 6-1　銀河の形状の分類．ハッブルによる系統図[3]

ロメダ銀河の構造を詳しく観測し，その特性を明らかにすることが重要ということになる．

6.2　天の川銀河の構造

　天の川銀河は，アンドロメダ銀河によく似た渦巻き銀河で，薄い円板領域とそれを球状に取り囲むハロー（Halo）と呼ばれる領域とから成る．この円板領域の直径は約 10 万光年あり，太陽は銀河の中心から 3 万光年ほどのところにある．この円板領域の厚さは，太陽の付近で 3000 光年ほどである．中心付近ではガスやチリが密集する領域がふくらんでおり，その厚さは 1 万光年より少し大きい程度である．全天の写真を光で撮影したモザイク映像を重ね合わせ

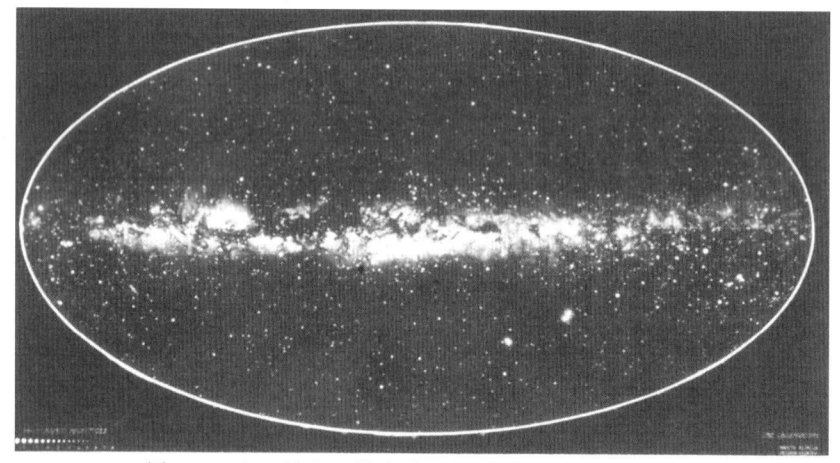

図 6-2　天の川銀河の構造（円板領域に沿って見た場合）[14]

た 360° を覆うことにより作った結果は，図 6-2 に示すように星々で輝く円板領域がはっきりと見えるが，暗黒のガス雲も多いため，ところどころ星からの光が隠されてしまって暗くなっている空間ができている．この円板領域を円板に沿って見た時の形状と，この領域をその垂直方向（銀河に設定した座標系に対し）から見た形状とを，それぞれ図 6-3 と図 6-4 に示す．太陽を中心に想定して，実は銀河座標系が研究の便宜から工夫されているが，この座標系の経度が図 6-4 には示されている．天の川銀河の中心方向を 0°，太陽が天の川銀

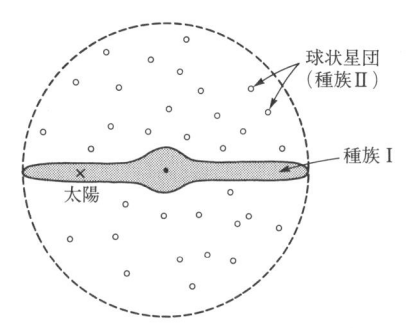

図 6-3 天の川銀河の構造モデル（円板領域に沿って見た形状）

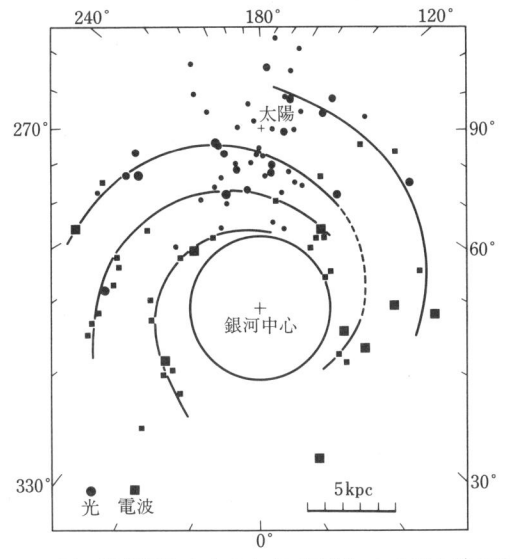

図 6-4 天の川銀河を中心の上方（北極）から見た時の形状

河を公転する運動の向きを 90°にとっている．

　星々と星間ガスや星間塵の観測から推定された天の川銀河を構成する物質の総質量から，この銀河の回転のパターンを計算した結果は，実際に観測された回転のパターンと全然整合しないことが長い間の疑問であった．この回転のパターンは，たとえば，太陽の公転運動をとりあげると，太陽の公転速度を $v(r)$ ととると，

$$\frac{v^2(r)}{r} = G\frac{M(r)}{r^2} \tag{6-1}$$

が成り立たなければならない．ここに，r は天の川銀河の中心からの距離，$M(r)$ は半径 r の内側にある銀河物質の総質量，G は重力定数である．この式は，中心からの r の距離にある星に適用できるから，中心からいろいろな距離 (r) にある星について，この式から期待されるように速度 $v(r)$ が変わっているかどうかを観測から決めることができる．星や星間物質は中心付近に密集しているから，$M(r)$ の変化は中心から遠い領域では小さく，$v(r)$ は $r^{-1/2}$ で，距離 r とともに遅くなると予想されるが，観測結果はこのようになっていない．この難点を解決するために導入されたのが，観測にかからない物質とされる"暗黒物質（dark matter）"である．

　図 6-4 で中心から半径 5 キロパーセク（kpc）ほどの円板が描かれているが，この内部は濃密な暗黒ガス雲に覆われているために観測することは不可能である．しかし，図 6-5 に示すように，このガス雲は赤外放射や γ 線放射が強い上に，電離水素（H II と記号表示）からの連続スペクトル放射，CO 分子からのマイクロ波電波の放射をおこなっている．また，超新星の残骸や O や B の型に分類される大質量星が数多く存在していることも明らかにされている．この円板領域は，現在，100 km/s ほどの速さで中心から外側へ向かって膨張していることが観測から示されている．γ 線放射が強いことは，宇宙線と呼ばれる高エネルギー陽子ほかの原子核がこの領域で加速・生成されていることを示している．

　天の川銀河やアンドロメダ銀河のような渦巻き銀河では，その中心の周囲を星々が公転している．その公転のパターンが式 (6-1) から予想されるようになっていないことから，暗黒物質の存在が示唆されたわけであるが，太陽の位

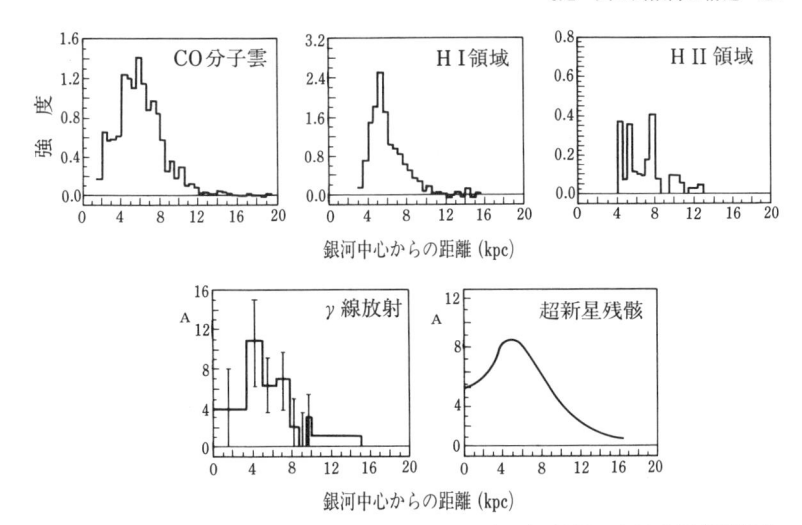

図 6-5 天の川銀河の中心から 5 キロパーセク (kpc) 付近における円板領域からの電磁放射（CO 放射，H166α，H II 領域，γ 線放射）と超新星残骸の空間分布

置辺りではこの公転速度は約 220 km/s である．この速度は，銀河回転の速度がほぼ 200 km/s であることから，太陽は約 20 km/s で星々の間をぬって図 6-4 に示した銀河経度 90°の方向に走っていることになる．もちろん，太陽は円板領域に存在する星々の重力の作用を受けながら公転しているので，図 6-3 に示したこの領域に対し上下に振動している．

　天の川銀河の円板領域に沿って磁場が存在しており，この磁場の大まかな向きが高エネルギー電子が放射するシンクロトロン機構による電波の偏りから推測でき，その結果は図 5-9 に示してある．ところで，この磁場の向きが天の川銀河でどのように配列されているかについては，チリが背景からの星の光によってその磁気能率を整列させられるという性質を利用して，この性質からもたらされる光の偏りを詳しく観測することを通じて求められる．このようにして推定された銀河磁場の向きは，図 6-6 に示すようになっており，磁場が円板領域に沿って広がっていることがわかる．また，経度 30°付近から北側にのびる磁場は，ループ I（Loop I）と命名された超新星の残骸の最外層部に沿って広がる成分である．図 3-28 に示してあるように，この超新星は今から 4 万

132　6. 銀河と銀河団

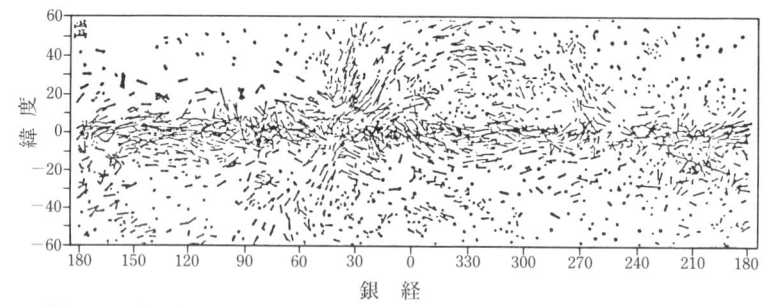

図 6-6 高エネルギー電子からのシンクロトロン放射の偏りから推定した天の川銀河磁場の形状

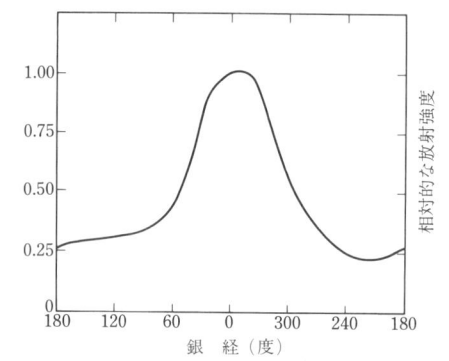

図 6-7 $^{26}_{13}$Al から放射される 1.8 MeV の γ 線放射の銀河中心方向付近における強度分布

年ほど前に爆発したものと推定されている．いま示したように，この超新星爆発に伴って生成された放射性核の一つである $^{26}_{13}$Al が，爆発中心と推定される方向を中心に広がっていることが，この原子核が 75 万年ほどの半減期で $^{26}_{14}$Mg に崩壊する際に放射される 1.8 MeV の γ 線の観測から明らかにされている．この γ 線放射の強度の空間分布は，図 6-7 に示すようになっている．この崩壊の特性については表 4-1 に示されている．

　ここで，太陽のごく近傍の空間における星々の分布について見ておこう．すでに述べたように，太陽は星々の間を約 20 km/s の速さでぬうように銀経 90°の方向に走っている．太陽は現在，オリオン・アームと名づけられた星々と星間物質が濃密に分布する空間内を，いま見た速さで通過中である．アームには

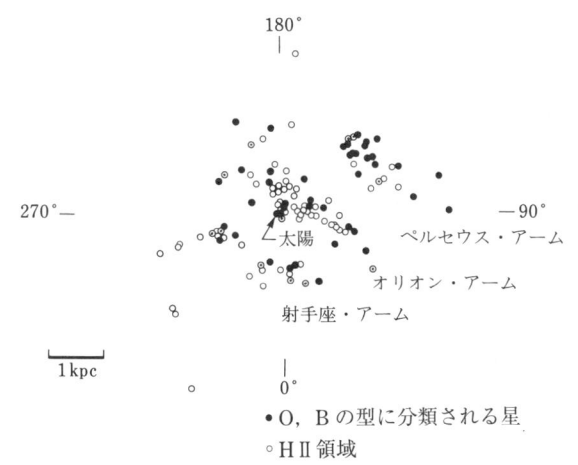

図 6-8 太陽近傍における大質量星（O や B の型）と HII 領域の空間分布

若い大質量の O 型や B 型に分類される星々が存在しており，これらの星から放射される強力な紫外線により，星間物質中の水素原子が電離（イオン化）されて HII 領域と呼ばれる高温プラズマ領域を形成している．太陽周辺における O 型，B 型の星々と HII 領域の空間分布は，図 6-8 に示すようになっている．太陽は，これらの大質量星が群がる空間を現在，運行中なのである．このような空間を形成する大質量星の集団は，OB 集合体（OB Association）と呼ばれている．

6.3 銀河の進化

宇宙の創造と進化については次章で述べるが，この宇宙の進化の過程で形成された銀河は，星々と星間物質との輪廻の場として進化してきた．銀河が形成されたのは，宇宙が創造されてから 10 億年ほど経って後のことと推測されている．宇宙空間における大きなスケールの物質分布のゆらぎから生じた物質密度の高い領域で，最初の星々が誕生した．これらの星々のいわば生き残りが，球状星団を形成する種族 II の星々である．この集団中の質量の大きな星々は寿命が短く，相対的に早い時期に超新星として爆発し，周囲の空間に放出された物質は星間物質を形成し次世代の星々を形成する材料となる．

多数の球状星団から成る大きな集団は，互いが重力の作用により収縮してい

134　6. 銀河と銀河団

くが，その間に最初ゆるやかに全体として回転していたような場合には，角運動量の保存から回転運動が加速されるようになる．その結果，星々の超新星爆発により，周囲の空間に撒きちらされた星間物質は最も広がりの大きな回転面に対し集中してくるようになる．このようにして，銀河には星間物質が集積した円板領域が形成される．

　この回転運動により，円板領域の中心近くには物質が加速されながら集積してくるが，中心部では，これら集積した物質の一部がジェットとなって，この円板領域から反対向きに2本その垂直方向に放出される．そのパターンは，図6-9 のモデルに示すようになっている．銀河の進化がすすむと，ジェット流は銀河本体から離れて反対向きに飛び散っていくようになる．このような例は，たとえば，はくちょう座に観測されている（図6-10）．これらジェット流の放出が銀河本体の近くに観測される場合は，進化の歴史が比較的浅く，銀河の年齢もまだ若いものと想定されており，実際に，このようなジェット流は銀河としてはまだ相対的に若いクエーサーや活動銀河に伴っているのが，数多く観測

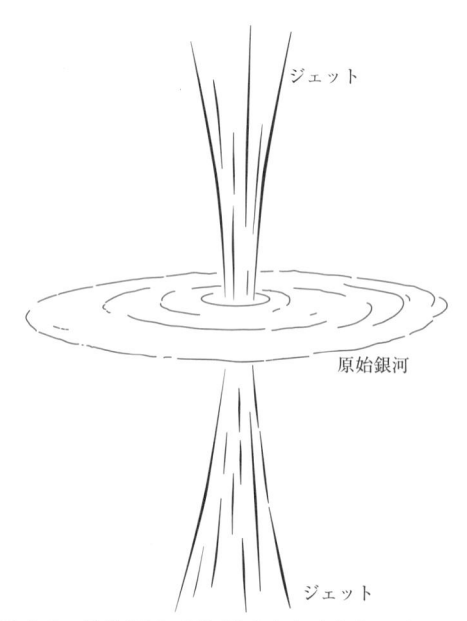

図6-9　活動銀河の両極地方から噴出するジェット

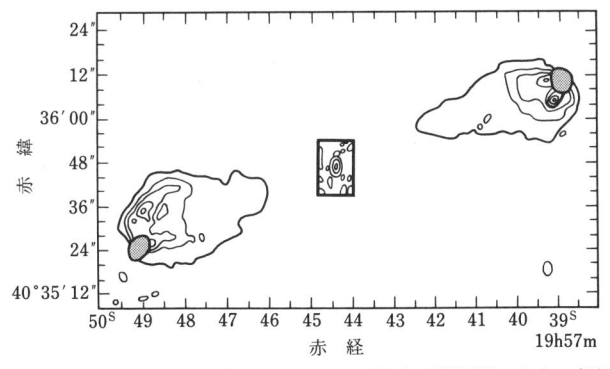

図 6-10 はくちょう座 A に観測される二つ目玉の電波源．中心の銀河から放出されたジェット

されている．ジェット流には間渇的に放出される例，連続して放出される例，たった一回だけの例というふうに，いろいろな事例が観測から知られているが，これらの相異は，ジェット流を放出する銀河の進化におけるちがいにかかわっていると思われる．

　円板領域を形成する銀河は回転の速度が相対的に大きく，中心部の物質の集積の割合も大きく大質量の星が大量に生成されたため，これらの星々の進化のすすみも速く，超新星爆発による物質放出と，これらの物質からの星の誕生のくり返しの頻度が高く，熱核反応による重い元素の合成も相対的に早く，銀河の中心部の化学組成は，周辺部に比べて重元素に富んだものとなっていると推測される．このことは，銀河の中心部から周辺部に向けて，円板領域内における重元素の分布は動径方向に大きくちがっているものとなっているはずである．

　先に図 6-5 で，天の川銀河の中心から 5 キロパーセク（kpc）付近の内側にリング状に星間物質が集積しており，この領域が 100 km/s ほどの速さで，円板領域に沿って中心から動径方向に拡大していると述べた．この領域の速さからみて，これが天の川銀河の中心部における大爆発からの結果だと考えると，強力な衝撃波が先行して円板領域に沿って伝播していったと考えられる．回転運動をしている円板領域中を，この衝撃波が動径方向に伝播していったとすると，星間物質の集積密度に疎密が生じこのような疎密がらせん状に形成される

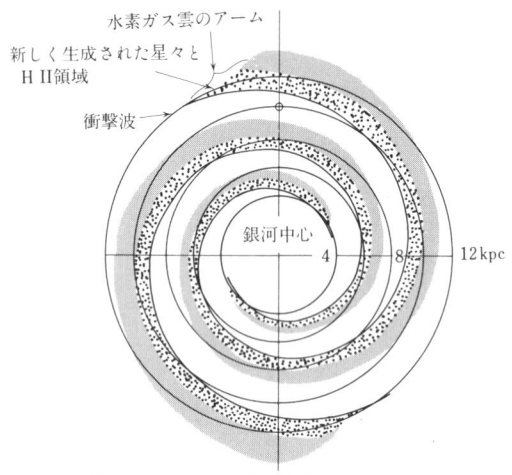

図 6-11 天の川銀河にアーム構造を作りだす衝撃波（密度波）．この波動は中心部で発生後，外側へ向けて回転する銀河内を伝播する過程でアームを形成する[10]

ようになるものと推測される．この星間物質に疎密が生じると，密になった領域ではO型やB型に分類される大質量の星々の形成がすすみ，それとともにHⅡ領域がその近くに形成されることが予想される．

アーム（腕）の構造と，それに起因する星々の形成領域とHⅡ領域とについて，このような衝撃波の伝播から予想されるパターンを描いてみると図6-11のようになっているはずである．そうして，銀河の円板領域のごく狭い領域に対して予想される衝撃波の伝播の影響を描いてみると，星間物質が凝縮された結果，形成されたO型やB型に分類される大質量星と，それらの周囲に広がるHⅡ領域，星々が超新星爆発を起こした結果，星間物質が蓄積されて形成した暗黒ガス雲，いわゆる，ダーク・レーンが図6-12に示すように，アーム中に並ぶように生成されるものと予想される．超新星爆発の場合でも，この爆発に伴って発生した衝撃波が通過したあとに大質量の星々が形成されることが観測から推定されているが，これは銀河の中心部から伝播してきた衝撃波の効果のミニチュア版だといってよいであろう．

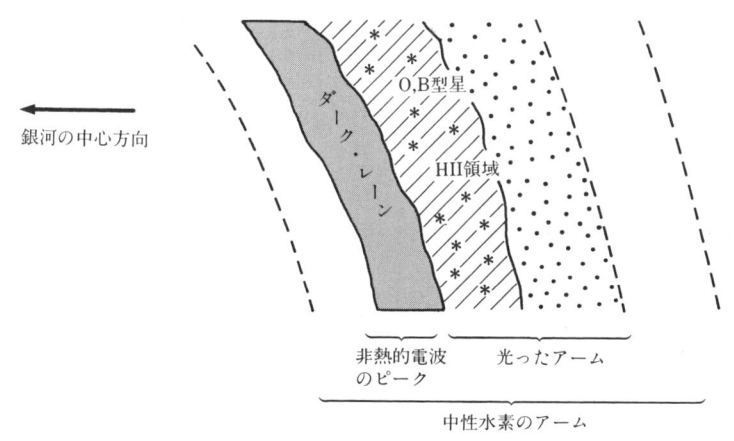

図 **6-12** 図 6-11 に示した衝撃波通過後，アーム内における大質量星の形成[10]

6.4 銀河の集団

　天の川銀河には，すでに述べたように大小二つのマゼラン雲と名づけられた不規則銀河が伴っている．ごく最近のことであるが，いて（射手）座の方向に銀河の中心に向かって南側から接近中の小さな銀河の存在が明らかにされた．これらの小さな銀河は別として，天の川銀河と同程度の銀河はアンドロメダ銀河で，200 万光年ほど天の川銀河から離れたところにある．この銀河には二つの楕円銀河が伴銀河として存在している．天の川銀河とアンドロメダ銀河の二つにいま述べたいくつかの小型の銀河は，宇宙の尺度（スケール）からみたら互いにごく近くに位置しており，一つの銀河集団を形成している．このように，銀河はこの宇宙空間に一様等方的に分布しているのではなく，こうした集団，言い換えれば，銀河団を形成している．

　天の川銀河とアンドロメダ銀河，これら二つの銀河の伴銀河であるいくつかの小さな銀河群ほかを含めた銀河団を特に局所銀河団と呼ぶことがあるが，その広がりは1メガパーセク（Mpc，約 330 万光年）にわたり球状を成している．図 6-13 に示したかみのけ（コマ）座銀河団の場合には，これと同じ程度の広がりの中に1万個にも及ぶ銀河群が密集している．このように銀河団には互いに大きなちがいがあるが，特徴的なことは銀河がたくさん集中して作っている銀河団では，中心部に楕円型や渦巻き型への移行形ともいえる銀河が集中

138　6. 銀河と銀河団

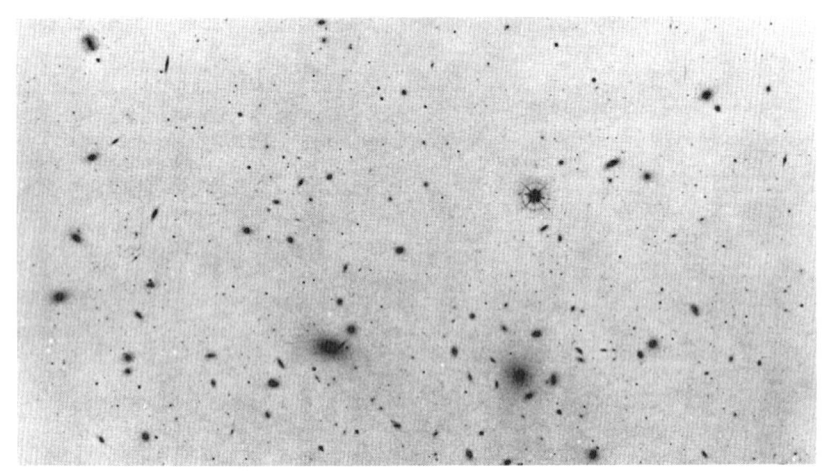

図 6-13　かみのけ座の方向に見られる銀河群[10]

して存在する傾向を示す．また，ごく少数の銀河から成る銀河団では，渦巻き型や棒状型の銀河の存在比率が高くなる傾向を示す．このようなちがいが，どのような理由から生じたのかについては不明の点が多く，まだ解明されていないが，銀河同士の間の相互作用の大きさに関係しているのではないかと考えられている．

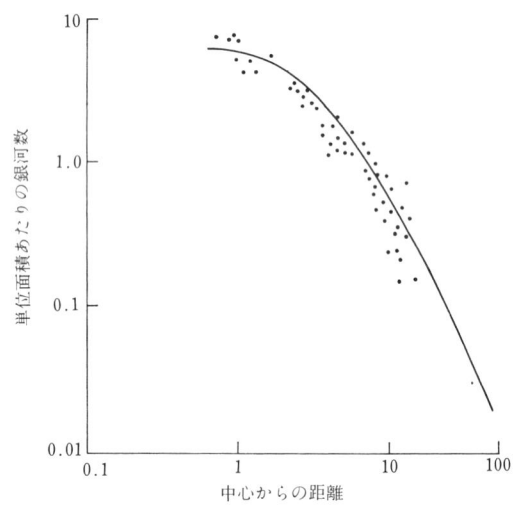

図 6-14　銀河団の空間スケールと銀河群の空間分布（バコールによる）[10]

銀河団内部における銀河群の分布をみると，図6-14に示したように中心部分からの距離が，ある程度離れると銀河の数は急激に減少し1/10にもなってしまう．かみのけ（コマ）座銀河団の大きさは約250 kpc（約80万光年）しかないので，天の川銀河とアンドロメダ銀河の約40％の距離にあたり，このような小さな空間にたくさんの銀河が密集していることになる．

　かみのけ（コマ）座銀河団が存在する領域から到来するX線放射についての観測結果は，その中心部にある二つの巨大な銀河，NGC 4889とNGC 4874の辺りからのX線放射が最も強くなっている．図6-15に示すように，この二つの銀河の辺りを中心にして，X線放射の強度が球状に弱くなっている．

　銀河団には先にみたように，局所銀河団のように高々十数個から成るものや，かみのけ（コマ）座銀河団のように1万個にも達する銀河の密集したものと，いろいろ特徴的なものが存在する．これらが宇宙の空間に大体一様に分布しているのではなく，銀河団の分布には偏りがある．銀河が全然存在しない空洞（void）と名づけられた空間領域さえある．また，銀河団の空間分布は，こ

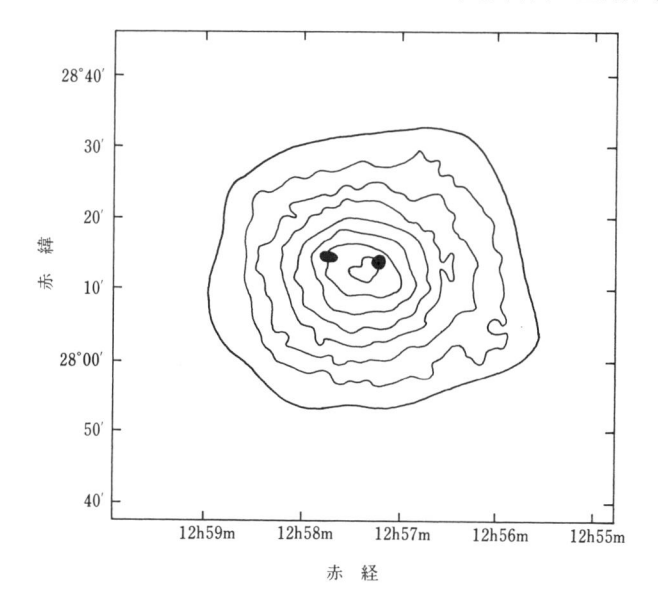

図6-15 かみのけ座銀河団からのX線放射の空間分布．黒印は左からNGC 4889，NGC4874と名づけられたX放射の強い銀河（ヘルファンドほかによる）[10]

140   6. 銀河と銀河団

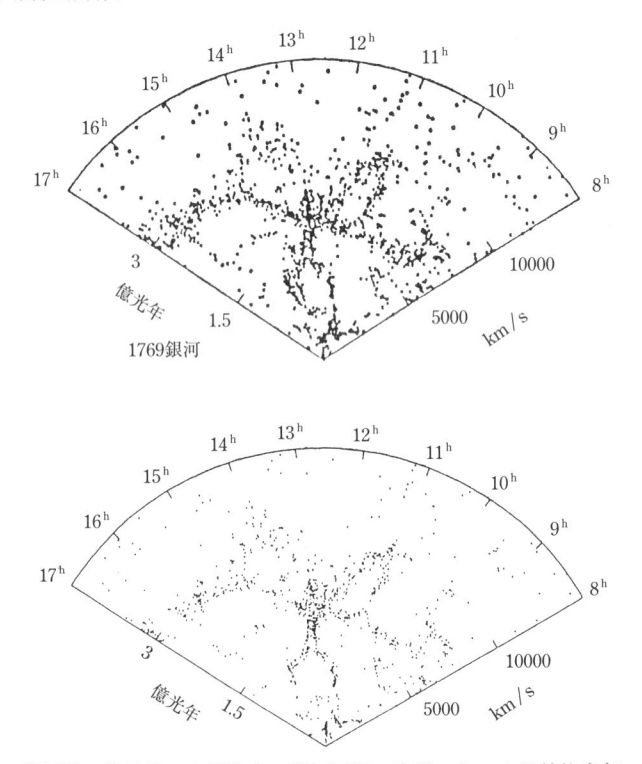

図 6-16 銀河群の網目状の空間分布．銀河団間の空間スケールは数億光年．
銀河群は長い障壁を形成するように空間に広がる．両図とも赤経 8〜17 時の
空間であるが，赤緯は上が 26.5〜38.5 度，下が 26.5〜32.5 度での観測結果．

　うした空洞を形成する一方で，その周辺部では銀河団が互いに連携し合うかのように一種のネットワークを形成している．たとえば，地球からある特定の方向に対して，観測からえられた銀河団の空間分布は，図 6-16 に示したように，このネットワークが網目状に形成されている．空洞の空間スケールは数億光年で，地球からみた銀河群の方向分布をみると，図 6-17 に示したように一様な分布からは非常に離れた特徴をみせている．ところによっては，まるで大きな障壁が銀河群によって形成されているかのようにみえる．
　銀河団が互いに網目状に結合して図 6-16 に示したような構造を作りだしているが，この構造がどのような過程を経て形成されてきたかについては，宇宙

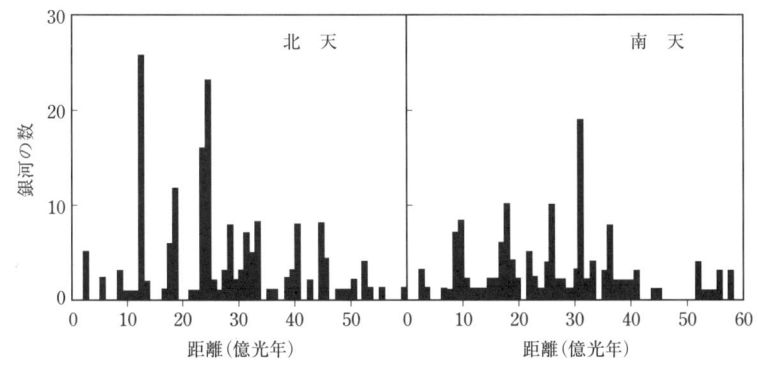

図 6-17 ある特定の方向における銀河群の空間分布．南天も北天も似た傾向を示す（リオールによる）

の創造初期に起こったインフレーションと呼ばれる過程と因果的にかかわっているものと推測されている．最初の星々の形成は，インフレーションの進行に際して生じたエネルギーの空間密度のゆらぎから創生された物質の空間密度のゆらぎに基づいていると推測されるから，図6-16と図6-17に示した銀河群の空間分布は，宇宙における物質密度にみられる不規則な空間分布に由来したものと考えられるのである．

6.5 超銀河団

　銀河団が網目状の構造を作って宇宙空間に配列されていることは，図6-16に示した銀河団の空間分布のパターンを見れば一目瞭然である．このような網目状の構造の中で，銀河群が特に密集した領域がいくつか形成されていることが銀河群の空間分布からわかっている．こうした領域には，おとめ座銀河団，うみへび座銀河団，ケンタウルス座銀河団ほかがあり，これらは銀河団の集合体を成しているので超銀河団としばしば呼ばれている．その広がりは，おとめ座銀河団についてみると，1億光年ほどの直径で前にみた空洞（void）を取り囲むように形成されている．

　銀河団が群を成してこうした超銀河団を形成しているのは，宇宙の進化初期における物質分布に生じた偏りと因果的にかかわっているものと推測されている．したがって，銀河団や超銀河団，また広大な空洞（void）が存在している

理由については，宇宙論研究の最前線と密接に関係していることをここで強調しておく．

7. 宇宙の創造と進化——宇宙論の世界

　太陽と太陽系の諸天体，天の川銀河にある4000億個にも達する星々，銀河の円板領域に広がる星間物質，天の川銀河外に分布する多くの銀河群，これらはすべて宇宙と私たちが呼ぶ広大な時間と空間から成る世界の中の存在である．そうしてこの宇宙の中で，星々とその集団である銀河群は，星間物質も含めて進化の歴史を刻んできた．こうした歴史があるという事実は，宇宙自体がこれらの物質すべてを包みこんでいるのであるから，進化の歴史をもつことを意味している．したがって，時間をさかのぼっていくと，宇宙自体が徐々に単純な構造のものへと移行するのではないかとの推論に到達する．こうなると，予想しうる限りの最も単純な構造があるとしたら，私たちはそれ以前にまで時を戻すことは不可能だということになろう．このことは，単純に考えれば宇宙には始まりがあった，言い換えれば，時間に始まりがあったということを私たちに強く示唆する．

　時間に始まりがあったとすると，空間はどうなるのであろうか．現在，宇宙が膨張しつつある，つまり，空間が拡大しつつあることは，1920年代半ば過ぎにおけるハッブル（E. Hubble）による発見以来，多くの支持する観測結果がえられているから，時間をさかのぼっていくと宇宙自体が収縮していくものと推測される．そうして，ついには一点にまで収縮していくという推論に導かれる．1000億個ともいわれる銀河群が，時間をさかのぼるにしたがって互いに相接近するという事態が生じるから，最終的に巨大なブラックホールの形成に至るのではないかという懸念が生じる．これが正しかったとしたら，宇宙には誕生もそのあとの進化の歴史も存在しないことになる．

　しかし，私たちが経験から知っているように，先にみたような懸念には一切かかわりなく，この宇宙は現在，膨張しつつある，言い換えれば，時間と空間とがともに拡大しつつある．そうして，その中で，宇宙を構成する物質は進化

の歴史を刻んでいる．この宇宙を構成する物質の創造と進化の歴史を研究する学問は，宇宙論（Cosmology）と現在呼ばれている．このようなわけで，この学問は宇宙の中で生起するいろいろな現象，つまり，宇宙物理学的な諸現象すべてを研究の対象としているといってよい．

今まで，この宇宙に生起するいろいろな現象についてみてきたが，この章では，宇宙そのものを考察の対象とし宇宙の創造と進化について考察することとする．

7.1 宇宙の基本的性質

宇宙を構成する物質は何かが，まず最初に考察すべきことであろう．時間と空間が用意されていたとしても，これでは容れ物ができているというだけで，物質が存在しなかったとしたら何の意味もないということになろう．物質が容れ物としての宇宙の中にあったとして，この物質に多種多様な構造を取らせることになる作用がこの容れ物に備わっていなければならない．つまり，場と私たちが呼ぶ性質が空間に与えられていて，この作用を引き出さなければならない．場が作用を媒介する働きを生みだすというわけである．

場の量子論によると，場が作用を媒介するにあたって，それにかかわる素粒子が必ず存在する．したがって，この素粒子によって力の働きを媒介される素粒子が当然存在する．これらが物質を構成する基本となる素粒子で，これらにはクォークとレプトンと名づけられた四つの素粒子の組があり，それらは世代と名づけられている．そうして，これら世代には三つの異なるもののあることが現在明らかにされている．これら3世代のクォークとレプトンの組は，表2-1に示したように，各世代は2個のクォークと2個のレプトンから成り，レプトンのうちの一つはニュートリノである．クォーク同士の間に働く力（作用）は"強い力"と呼ばれるように，力の働きが最も強くこの力を媒介する素粒子がグルオンである．グルオンには8種類あることがわかっている．レプトンが関与する力の働きを媒介する素粒子が"弱い力"を担っており，これらには3個のウィーク・ボソンと呼ばれる素粒子が存在する．

私たちが日常生活の上で最もよく役立てているのが電磁的な力の働きで，この力の作用を媒介するのが光子と呼ばれる素粒子である．これら3種の力を媒

介する素粒子は，私たちによく知られている原子核や原子の形成に必要不可欠のもので，これらの素粒子の働きにより私たちの周囲に広がる自然界を作る物質が作りだされている．

電磁力の強さを1ととると，強い力はその約100倍，弱い力はその約100分の1で，これら三つの力の働きには全体で約1万倍の開きしかない．ところで，私たちの周囲に広がる自然界では重力の働きを無視することができない．地球や太陽が形成されているのも，これら二天体の相互の位置関係や運動も，重力の働きがあってのことだし，私たちが地表に張りついて日々の生活が送れるのも重力の存在があるからこそなのである．重力の働きがこんなに身近なのに，電磁力の作用の強さと比較すると，重力の作用は約40桁（10^{40}）にも相当するほど小さい．こんなに力の働きが小さいのに，私たちの周囲や太陽系の諸天体，天の川銀河の回転などでは重力は無視しえない強さを作りだしている．こうなるのは，力の作用を生みだす物体の質量が極端に大きいからである．それぞれの素粒子間における重力の働きを媒介する素粒子は，重力子とかグラビトン（graviton）と呼ばれているが，この素粒子が媒介する力の大きさは先に見たように極端に小さいけれども，これらの素粒子の生みだす力の働きは，すべて加算できるという性質を有するため，私たちと地球との間の重力作用のように目に見える働きを生みだすのである．

前にみた3種の力，強い力，電磁力，それに弱い力は原子核や原子，分子を形成し，物質の基本構造を作りだし，私たちの周囲に広がる物質世界をいま見えるような姿のものにしてくれている．そうして，この基本構造の成り立ちの上に重力の働きが加わり，宇宙の巨大構造から地球の構造のような局所的ともいえるものまで作りだしているのである．星の内部構造もこの重力の働きがあって形成されるし，熱核融合反応がすすむのも，この重力の働きがあってこそのことである．このようなことを考えると，宇宙全体の構造から私たちの周囲で日常起こったり経験したりすることがらなどすべてが，基本的には重力の働きなのだ，ということになる．

現在，私たちが宇宙における一般的な元素の存在比率，つまり，化学組成は，図1-10に示してあるように水素とヘリウムが圧倒的に多いのは，これら2元素が宇宙創造直後に生成されたためである．金属元素が比較的豊富なの

146 7. 宇宙の創造と進化—宇宙論の世界

は，図 3-19 に示してあるように原子核中の核子あたりの結合エネルギーが最も高くなっているからである．このエネルギーは，原子核中の核子，つまり，陽子や中性子が 1 個あたり，どれほど強く原子核を作るのに結びつけられているかを示す指標，強い力の働きがいかほどであるかを表している．宇宙の化学組成は，この結合エネルギーの大きさに強く依存して決まっているのである．このように，宇宙の構造を形成する物質の基本構造は，原子や分子のレベルで考えると，強い力，電磁力，それに弱い力の 3 力によって生みだされている，ということになる．

先にみた四つの力の中で，最も弱い力である重力は常に引力として働く．そ

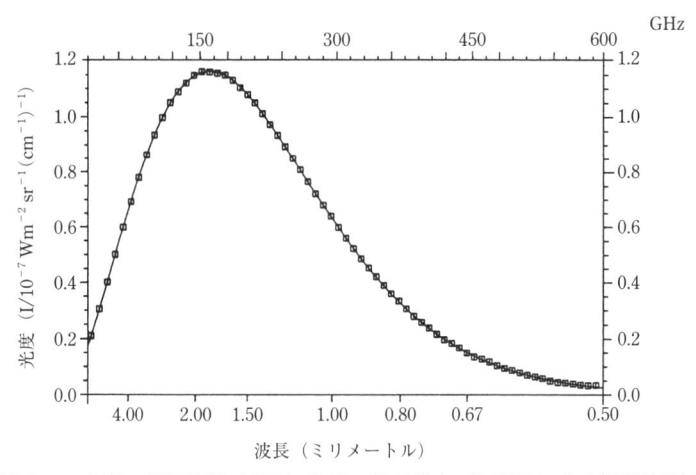

図 7-1　宇宙の背景放射（CBR）強度の波長分布（COBE による観測結果）[6]

図 7-2　WMAP 衛星によりえられた宇宙の背景放射強度に見られる空間的なゆらぎ[1]

のため，万有引力とかつていわれていたが，この力は星の構造，銀河の構造，銀河団や超銀河団の構造から，究極的には，宇宙の構造といったいろいろな階層構造の形成に決定的な役割を果たしている．重力は引力であり，この力が物質間に働くことを考えると，重力の働く向きに物質には加速度が生じ，この加速度の向きに運動が起こるはずであるから，宇宙の全物質は長い時間をかければ，一点に向かって凝集することになろう．しかし，現在知られているように，この宇宙の時間と空間は拡大しつつある．空間は，時間の経過に伴って膨張しているのである．それゆえ，宇宙の全物質が一点に向かって凝集しつつあるというような事態は現在起こっていない．

この時間と空間の拡大が，宇宙創造の初期からずっと続いていることは宇宙創造後，3000年ほど経過して宇宙空間が透明になったとき，宇宙全体に広がっていた熱放射のバックグランド，つまり，宇宙の背景放射が1960年代前半に観測されたことからも実証されている．その後，アメリカの背景放射観測衛星，COBEとWMAPの二つにより，この背景放射のスペクトルと放射強度の空間的なゆらぎが詳しく観測されている．背景放射強度の波長分布は，約3Kのプランク放射によく合っており，図7-1に示すようになっている．また，このゆらぎは，図7-2に示したように，現在観測されている銀河群の空間分布に反映されていると解釈される．

7.2 宇宙の構造

銀河群の容れ物であると考えてよい宇宙は，どこもかしこも同じ性質をもっているというわけではなく，前章でみたように銀河は集団を成して銀河団や，これよりさらに規模の大きな超銀河団を形成している．そうして，これら銀河団同士の間は空洞（void）となって，星々などの存在しない領域を形成している．銀河群がどのような空間分布をしているかについては，観測結果の一部が図6-16と図6-17に示されている．空洞（void）の広がりの空間的なスケールは数億光年で，銀河団の大きさ（size）と同程度であり，図6-17から予想されるように銀河団と銀河団の間には大きな壁が立ちはだかっているような形になっている．

図6-16に示したように，銀河群は網目模様を作るかのように空間分布して

いて，その構造は竹の地下茎が入り組んで根を張っているような感じを抱かせる．しかし，観測される限りの物質を押しなべて空間中で平均した物質密度を推算してみると，宇宙が膨張しながらユークリッド的な平坦な構造となるのに必要な物質密度に対し3桁も小さい．このことは，宇宙が永久に膨張を続けることを意味している．そのため，この不足分の物質は，私たちの知る陽子や中性子から成る原子核のようなバリオン（baryon）と名づけられるものと異なった物質で補われているのではないかと想定されている．このような観測にかからない物質は，前に銀河回転について述べた時に存在が要請された暗黒物質（dark matter）ではないかと考えられている．

　宇宙の最終的な構造がユークリッド的な平坦なものに最終的になるものかどうかについては，宇宙の遠い空間にあって私たちから遠ざかりつつある銀河群中で発生したIa型に分類される超新星の光度曲線の分析から，宇宙が加速しつつ膨張していることが明らかにされたので，今後変更を受ける可能性がある．この膨張のエネルギーは，重力の働きによる宇宙全体の収縮を阻止する働きをもつもので，この宇宙の構造の形成に必要不可欠なものである．この宇宙が加速されながら膨張している事実は，宇宙の構造を維持するためにアインシュタインが導入した宇宙定数（Cosmological constant）が，現在みられるような希薄化した物質密度をもつ空間の中で，その存在が見えてきたということなのであろう．

7.3　宇宙の創造と進化

　現在，この宇宙が一様・等方的に膨張していることは，遠い空間にある銀河群が太陽からの距離に比例した速さで遠ざかっていきつつあるという観測結果から明らかにされている．この膨張が発見されたのは1920年代の終り頃のことで，アメリカのハッブル（E. Hubble）がカリフォルニアにあるウィルソン山天文台において，銀河群が示す光のスペクトル線にみられる赤方偏移と，これら銀河群までの距離との関係を調査した結果に基づいていた．彼がえた結果は，図7-3に示すように精密なものではなかったが，この赤方偏移と距離との間にほぼ比例関係があることを示していた．銀河群からの光のスペクトル線，たとえば，水素のバルマー系列a線（Ha）にみられる赤方偏移が，この

7.3 宇宙の創造と進化　149

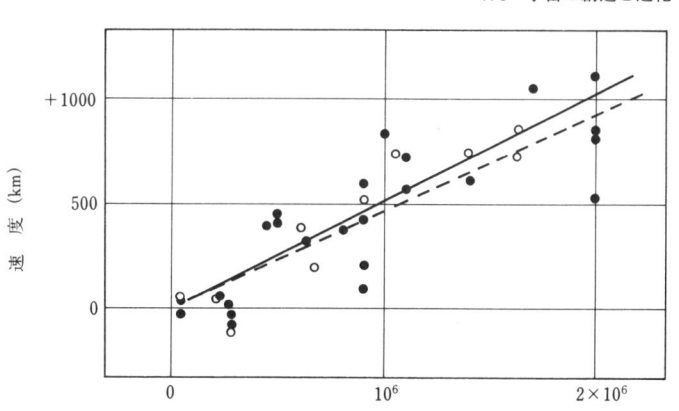

図 7-3　ハッブルにより遠くの銀河の後退速度（赤方偏移から推定）と銀河までの距離との関係が初めて示された[3]

光の放射源の運動によるドップラー効果によるとする解釈が正しいと仮定すると，私たちから銀河までの距離が大きくなるにつれて赤方偏移が大きくなることは，銀河までの距離が大きくなるにつれてより速い速さで私たちから遠ざかっていることを意味する．

ハッブルによる宇宙が膨張する事実が明らかにされて以後，銀河群からの光

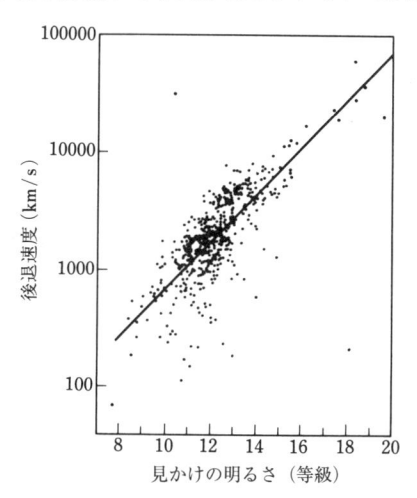

図 7-4　最近えられた遠くの銀河の後退速度（赤方偏移の大きさに反映）と銀河までの距離との関係．両者はほぼ比例関係にある

のスペクトルにみられる赤方偏移，つまり，私たちからの後退速度が，これら銀河群までの距離に比例するとの最近の観測結果は，図7-4 に示すようになっており，この比例関係がきわめてよいものであることがわかる．この比例関係は，銀河と銀河との間の距離が，平均して一定の速さで時間の経過とともに拡大していることを示している．宇宙の空間が一様で等方的に膨張していることを初めて示した研究者の名前を用いて，図7-4 に示された関係はハッブルの法則と呼ばれている．

第4章で強い重力場を伴う星の構造について研究した時に，シュバルツシルドの計量（metric）である式（4-12）を用いた．四次元時空の計量（ds^2）を宇宙の構造に対して求めるには，アインシュタインが建設した一般相対論を用い，それから重力場の方程式を導かねばならない．しかしその際に，宇宙の構造が一様で等方的であることから，その表現に適当なロバートソン・ウォーカー（Robertson-Walker）の計量が導かれている．この計量（ds^2）を用いて，ハッブルの法則と宇宙の構造について考察することにする．この計量（ds^2）は，

$$ds^2 = c^2 dt^2 - R^2(t)\left\{\frac{dr^2}{1-kr^2} + r^2 d\theta^2 + r^2 \sin^2\theta d\phi^2\right\} \tag{7-1}$$

で与えられる．この式で $R(t)$ は，後に決定される時間についての未知関数であり，k は定数である．r について適当な単位を選ぶことにより，k は三つの値，$-1, 0, 1$ をとるように選ぶことができる．実はこの三つの値が，宇宙の構造を決定する曲率を与えるのである．-1 は，開いた宇宙で加速的に膨張する宇宙を表し，0 は最終的にはユークリッド的な平坦な宇宙を導く．また，$+1$ は曲率が正であるから，この宇宙は閉じた構造をもち，最終的には膨張から収縮に転じたあと，ビッグ・クランチ（Big Crunch）で終わる．これら三つの値により，宇宙の最終的な運命は異なったものとなるが，出発点ではすべて膨張の開始が起こり，これは現在，ビッグ・バン（Big Bang）と呼ばれている．

宇宙の膨張が動径方向に起こっていると仮定すると，式（7-1）は光の波の運動に対しては，次式のように変形される．

$$0 = ds^2 = c^2 dt^2 - R^2(t)\frac{dr^2}{1-kr^2} \tag{7-2}$$

ここで，ある特定の銀河から光が時刻 t_1 に離れたとして，時刻 t_0 に私たちのところへ届いたとすると，要した時間は

$$\int_{t_1}^{t_0} \frac{dt}{R(t)} = f(r_1) \tag{7-3}$$

と与えられる．ただし，$f(r_1)$ は次のように k の値に応じて決まる．

$$f(r_1) \equiv \int_0^{r_1} \frac{dr}{\sqrt{1-kr^2}} = \begin{cases} \sin^{-1} r_1 & k = +1 \\ r_1 & k = 0 \\ \sinh^{-1} r_1 & k = -1 \end{cases} \tag{7-4}$$

ここで今，次の光の波が r_1 を，時刻 $t_1 + \delta t_1$ に離れて，時刻 $t_0 + \delta t_0$ に届いたとすると，式 (7-3) と同様に，

$$\int_{t_1+\delta t_1}^{t_0+\delta t_0} \frac{dt}{R(t)} = f(r_1) \tag{7-5}$$

という関係が求まる．光（可視光）の性質は，1周期（$\sim 10^{-14}$ s）の間に $R(t)$ が変化するとは考えられないので，式 (7-3) と式 (7-5) から

$$\frac{\delta t_0}{R(t_0)} = \frac{\delta t_1}{R(t_1)}$$

ととれる．観測される光の周波数 f_0 は，放射された光の周波数 f_1 と，二つの時間差 δt_0 と δt_1 と，次式を満たすはずである．

$$\frac{f_0}{f_1} = \frac{\delta t_1}{\delta t_0} = \frac{R(t_1)}{R(t_0)} \tag{7-6}$$

ここで，赤方偏移パラメータ Z を考慮すると（λ_0, λ_1 は波長），

$$Z = \frac{\lambda_0 - \lambda_1}{\lambda_1} \tag{7-7}$$

と定義されるから，$\lambda_0/\lambda_1 = f_1/f_0$ の関係があるので，

$$Z = \frac{R(t_0)}{R(t_1)} - 1 \tag{7-8}$$

と，このパラメータ Z は $R(t)$ と関係づけられる．f_0 と λ_0 は，光が長い距離を走って後に観測された時の周波数と波長にそれぞれ対応するから，$Z>0$ ならば，$\lambda_0 > \lambda_1$ となり，波長が伸びるいわゆる赤方偏移を与える．

遠くの銀河からの光の波についての観測結果は，$Z>0$ であり，式 (7-6) か

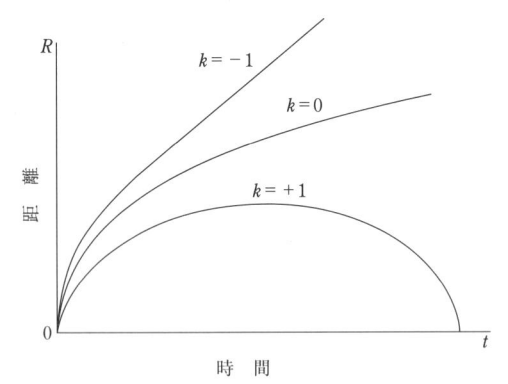

図7-5 宇宙の形状に対する三つの可能な解．宇宙空間の曲率（k）によりこの形状が決まる[15]

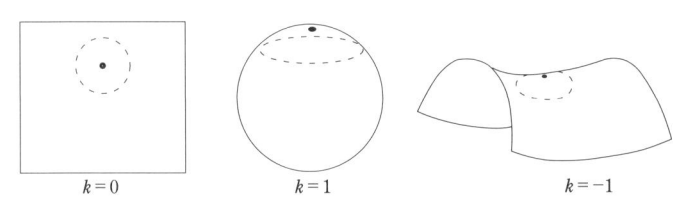

図7-6 図7-5に示した三つの曲率から決まる宇宙の構造．1）$k=1$：閉じた宇宙，2）$k=0$：開いた宇宙だがユークリッド的で平坦，3）$k=-1$：開いた宇宙だが鞍型で，加速されながら膨張[15]

ら銀河までの距離が大きいほど光の周波数が下がる，言い換えれば，波長の伸びが大きくなることを示している．先にkには三つの場合があることを式（7-4）でみたが，これら三つの場合がどのような構造の宇宙を導くかというと，ビッグ・バン以後の時間と宇宙の大きさについては，図7-5に示すようになっている．これら三つの場合について，宇宙の構造を二次元の描像として示すと図7-6のようになる．パラメータkは，宇宙の曲率を与えるのである．現在，宇宙は加速されながら膨張しているとの観測結果が公けにされており，この宇宙は曲率が負（マイナス）で，図7-6を参照すれば馬の鞍型の構造を取ることになる．このような幾何学的空間を導き，この面上の幾何学を建設したロバチェフスキー（N. I. Lobachevskii）の名前でこの宇宙の構造を表すこともある．

観測から明らかにされた宇宙の構造は，銀河団や超銀河団，さらには何も存

在しない空洞（void）などの存在から推測されるように，かなり不規則というか秩序も何もない．このような宇宙の形成にビッグ・バンがどのようにかかわっていたかをめぐって，宇宙創造の最初期における物理過程に対し，インフレーション（inflation）と呼ばれる過程の存在が1981年に提案された．先にみた無秩序さの普遍性をもたらすには，宇宙が誕生した直後のごく短い時間，10^{-23} s までの間に，宇宙の大きさは何桁にもわたる急膨張したとするのが，いま述べたインフレーションという過程である．この無秩序さの普遍性ということは，宇宙の姿はどこにあっても同じに見えるということであり，この急膨張が現在観測されている宇宙の構造を導くのである．

したがって，膨張宇宙の描像は，図7-7に示すように宇宙の創造最初期に急膨張するインフレーションがあり，その後，現在いわれているビッグ・バンの過程が続くというものである．宇宙の創造は，物質については無，言い換えれば，"真空"のエネルギーによる急膨張の過程で物質が創生されたことになる．この物質の空間分布が，図7-2に示した結果から予想されるように不規則で無秩序だということになる．この物質は，私たちの周囲に現在存在する物質となるもので，前者は始原物質と呼ばれるべきものである．この始原物質の創生は，重力場の働きの誕生を同時にもたらし，この場の働きにより最初の物質の空間分布が形成されていく過程の中で，クォークやレプトンが創造され，ほ

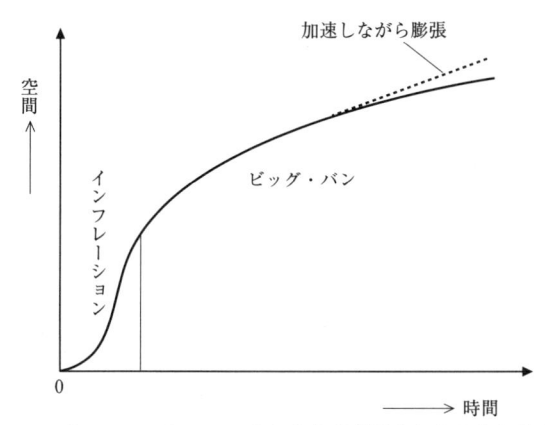

図7-7　インフレーションにより宇宙が創造されたとした場合の宇宙の大きさの急膨張

154　7. 宇宙の創造と進化—宇宙論の世界

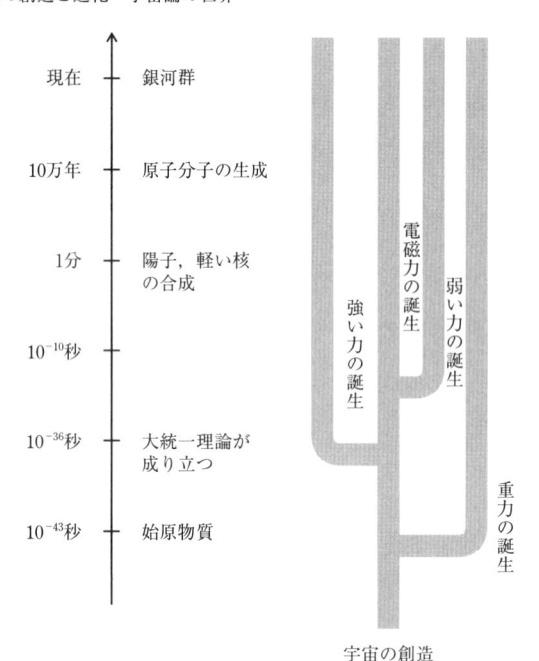

```
現在 ─── 銀河群

10万年 ─── 原子分子の生成

1分 ─── 陽子，軽い核
　　　　　の合成

$10^{-10}$秒 ─── 　　　　　電磁力の誕生
　　　　　　　　強い力の誕生　　弱い力の誕生

$10^{-36}$秒 ─── 大統一理論が
　　　　　成り立つ

$10^{-43}$秒 ─── 始原物質　　　　　　　　　重力の誕生

　　　　　　　　宇宙の創造
```

図7-8　宇宙における物質の創造と宇宙の構造を決める力の創造

とんど同時に弱い力，電磁力，強い力の三つの作用が生まれ，現在の宇宙を形成することになった．物質の創造と四つの力の創造が，宇宙の進化の中でどのように経過してきたかについてモデルを作ってみると，たとえば図7-8に示すようなものとなる．

　この現実世界は物質から成るが，宇宙の創造とともに物質が創生される場合には，物質と同量の反物質がともに創生されるはずである．このような物質・反物質の創生にみられる非対称性は，時間の非可逆性と三つのニュートリノの基本的性質における非対称性の二つにかかわって形成されたものと推測されている．しかしながら，大部分の物質と反物質は宇宙創造の最初期に，いわゆる対消滅する過程により宇宙の光子成分に変換されてしまったものと考えられている．この光子成分が，物質に比べて圧倒的に卓越しているこの宇宙では，このような変換過程が実際に起こったのであろう．物理現象の多くに非対称的な変化を示す場合が知られていることを，ここで注意しておこう．

7.4 宇宙論が目指すもの

　私たちが知っている宇宙は，不完全な理解にまでしか到達してはいないものの，現実に私たちが生命として存在しているこの宇宙だけである．私たちが明らかにしてきたこの自然界の構造を決めるいろいろな物理定数，たとえば，光速度，プランク定数，電子や陽子の質量，四つの力の強さを決定する重力定数ほか等々が，どのような理由から，いま私たちが知っているような大きさに決まったのか，こうなるのに何らかの必然性があったのかといった疑問に，私たちはまだ答えられていない．そもそも，このような自然界が形成される必然性があったのかも，私たちにはわからない．

　たとえば，この宇宙の大規模構造を決定するのにかかわる物理定数は，重力定数である．この定数の大きさが，もし現実に私たちが明らかにした値とちがっていたならば，この現実に私たちの目の前に広がる宇宙が形成されるということがあったのだろうか．第3章で星の中心温度と圧力について二つの式 (3-14)，(3-15) を導いたが，どちらも当然のことながら，重力定数（G）に比例している．したがって，重力定数が現在知られている値より少しでも大きかったら，太陽の場合，水素からヘリウムを合成する熱核融合反応の効率が上がり，太陽の進化の過程が早まっていたことになる．この重力定数の大きさによっては，太陽はすでに赤色巨星の段階に入ってしまっていた可能性すらあるということになる．

　現在までのところ，諸種の物理定数がどのような機構で決定されたのかについては明らかにされていないが，宇宙の創造と進化の中で決まってきたことは確かである．このようなわけで，宇宙論は，基礎物理学の研究の進展と相携えて進歩していかねばならない，という運命を担っているといってよいであろう．現在すでに，宇宙の極大構造と物質の究極構造，言い換えれば，極大と極微の両世界の研究が連携してすすめられており，先に述べた物理定数が決まる要因についても，近い将来に明らかにされるものと期待されている．

　宇宙は，この自然界を形成するすべての物質とその相互作用を容れる時間と空間にまたがる場であり，私たちが研究している物理現象を含むいろいろな宇宙物理学的現象は，見方によってはきわめて局地的なものである．しかしながら，基礎物理学が明らかにしてきた物理学上の事実や法則，あるいは，原理な

どすべてがこの地球上で成り立つだけでなく，この宇宙の果てにまで適用しうるものであることが明らかにされている．この基礎物理学を中心に成立している現代物理学は，いま見たように，この宇宙のあらゆる時間と空間の場で成り立つ学問で，このような時代が現代なのである．研究者によっては，現代物理学の進歩はついに神（God）の心まで読みとることができる段階にまで到達したとすら発言する時代が，現代である．

しかしながら，現代物理学はまだ完結した学問体系を確立していない．量子力学と一般相対論とを一つの統一的な理論に建設することに成功していないからである．この方面の研究で有望視されているのが，超弦理論（Superstring theory）と呼ばれるもので，世界各地で幾多の俊秀が多次元世界から成る自然像の確率に向けて努力を傾けている．この自然像にも，いくつかの異なった理論的アプローチの仕方があることが示されており，最終的な段階にまで研究がきたとはまだいえない状況にある．

宇宙論は，いま見たような立ち場からは未完成だが，宇宙物理学と呼ばれるようになった学問の範疇をはみでる研究分野なのかもしれない．現代物理学の理論と方法に基づいて宇宙論が研究されていくのは当然であるが，この研究を通じて，現代物理学自体も革命的な変貌を遂げるのかもしれない．未来予測くらい難しいことはどのような分野にあってもよく知られていることであるが，宇宙論の研究にもこのことはあてはまる．

そうではあっても，物理学の歴史や宇宙物理学研究の歴史をていねいに見返してみると，未来予測のほとんどすべては当たらず，思いもかけなかったような事実の発見や新しい理論の建設から，研究の最前線に大躍進をもたらすといった事態がしばしば生じていたことがわかる．今後も，このようにして宇宙論の研究における進歩は続いていくのであろう．

エピローグ—宇宙物理学の将来

　宇宙物理学（astrophysics）と呼ばれる学問は，19世紀半ば過ぎに生まれた．1853年にキルヒホフとブンゼンが，実験室で光スペクトル中に暗線（吸収線）や輝線を作りだすのに成功し，これらのスペクトル線が元素に固有なものであることを明らかにし，後に天体分光学（stellar spectroscopy）と名づけられることになった学問の基礎を築いたことが，宇宙物理学の誕生だといってよいであろう．しかし，どのような元素がどのような割合で星の大気中に存在するのかについては，20世紀に入って量子力学と私たちが呼ぶ学問が誕生して初めて，こうした定量的な分析への道が拓けた．

　宇宙物理学という名前は，19世紀の終わりに提案されて以後使われるようになったが，この学問の本格的な発展は1920年代後半からのことである．星々や惑星たちから私たちに送り届けられる光のスペクトル中に現れた暗線や輝線の強さやそれらの幅の大きさから，これらの天体の大気の化学組成や固有運動，あるいは，乱流など物理状態の研究が可能となったのは，量子力学が成立して以後のことである．量子力学の骨組みができ上がった1925年から遅れることわずか4年の1929年には，早くも太陽光のスペクトル分析に基づいて求められた太陽大気の化学組成が，アメリカのラッセル（H. N. Russell）とドイツのウンゼルト（A. O. J. Unsöld）によって公表されている．

　このように宇宙物理学は，現代物理学の支柱の一つである量子力学の発展に伴って急速に進歩したが，それは星々からの光を初めとした宇宙空間から送り届けられる光（可視光）に押しこめられた星々ほかの天文現象に関する情報を解読する手段が提供されたからであった．第2次大戦直後から始まった電波による宇宙物理的諸現象に関する研究は，光のもたらす情報に加えて宇宙空間で起こっている高エネルギー天文現象の理解への道を拓いた．電波は広い周波数帯にわたっており，天文現象のいろいろな局面に関する情報が手に入ることに

なった．

　現在では，光と電波だけでなく電磁波の全波長にわたるといってよい領域に関する観測と研究が，多種多様な宇宙物理的諸現象に対してなされるようになっている．本書の第4章でふれた物質の極限状態を実現したといえる天文現象は，量子力学だけでは理解しえないものであったが，これらの現象には強力な重力場の働きと関係していることがわかり，一般相対論に基づいた宇宙物理的現象の研究がなされるようになった．強い重力場は光のもつ固有な性質にまで影響を及ぼすことが明らかにされ，パルサーやブラックホールに関する観測的な研究がすすめられるようになった．今では，一般相対論に関する理解は，宇宙物理学の研究に不可欠となっているのである．

　宇宙物理的な諸現象から送り届けられる電磁波の詳細な観測と，それからえられた情報の分析結果は，私たちの宇宙についての理解を飛躍させたが，最近になって，宇宙空間から飛来する高エネルギー粒子や諸種のニュートリノについての観測結果が，宇宙物理的な高エネルギー現象の理解に必要不可欠なものであることが明らかとなった．宇宙線と呼ばれる高エネルギーの陽子ほかのいろいろな原子核がもたらす情報は，超新星爆発とその残骸やいくつかの特異天体の活動に対する理解に資するものであった．超新星爆発からの電子ニュートリノの検出が超新星爆発の機構の理論を検証する役割を果たしたことは，今でも多くの人々の記憶にとどめられていることと推測される．宇宙線や宇宙ニュートリノの観測と研究は，従来の光を初めとした電磁波による宇宙物理学的な研究と異なった面からの視点によるため，これら二つの研究が相携さえてすすめられるという道を切り拓いた．こうした協力関係は，今後の緊密の度を加えていくことであろうと推測される．

　宇宙は広大である．私たちに送り届けられる百億光年かそれ以上に遠い空間から，時間を超えた歴史を担っている電磁波と粒子について，それを観測し，現代物理学の理論と方法を道具として研究がすすめられるという現代の手法は，今後もいろいろと新しい事実の発見や新しい理論や解釈を生み続けていくのであろう．物理学，そうして，これに立脚した宇宙物理学は実験科学なのであるから，研究の最前線は新しい事実の発見のたびに拡大し続けていくことであろう．

さらに深く学ぶために

　本書をごらんになったあと，宇宙物理学の研究にかかわるいろいろな物理過程について第2章で述べたことがらを，深く理解するために必要と著者が考えている書物をいくつかあげておく．そのあとで，宇宙物理学を学ぶにあたって，著者が自分の経験からおすすめできると信じているこれらの書物の内容に簡単にふれることとする．

(1) Aller, L. H., The Atmospheres of the Sun and Stars, Van Nostrand（1965）
(2) Arnett, D., Supernovae and Nucleosynthesis, Princeton Univ. Press（1996）
(3) Bahcall, J. N, Neutrino Astrophysics, Cambridge Univ. Press（1988）
(4) Barnes, C. A., Clayton, D. D. and Schramm, D. N.（eds.）, Essays in Nuclear Astrophysics, Cambridge Univ. Press（1982）
(5) Chandrasekhar, S., An Introduction to the Study of Stellar Structure, Univ. of Chicago Press（1938）（Dover より復刊されている）
(6) Clayton, D. D., Principles of Stellar Evolution and Nucleosynthesis, Univ. of Chicago Press（1983）（McGraw Hill から 1968 年に刊行されたものの再刊）
(7) Collins, G. W., Fundamentals of Stellar Astrophysics, W. H. Freeman（1989）
(8) Cox, J. P. and Giuli, R. T., Principles of Stellar Structures, 2 Vols, Gordon and Breach（1968）（2005 年に合本にして復刊された）
(9) Katz, J. I., High Energy Astrophysics, Addison-Wesley（1987）
(10) Longair, M. S., High Energy Astrophysics, 2 Vols, Cambridge Univ. Press（1992）
(11) Oda, M., Nishimura, J. and Sakurai, K.（eds.）, Cosmic Ray Astrophysics,

160　さらに深く学ぶために

  Terra Sci. Pub.（1988）（日本語版「宇宙線物理学」，朝倉書店（1983）の増補版）

(12) Rolfs, C. E. and Rodney, W. S., Cauldrons in the Cosmos : Nuclear Astrophysics, Univ. of Chicago Press（1988）

(13) Rybicki, G. B. and Lightman, A. P., Radiative Processes in Astrophysics, Interscience（1979）

(14) Shapiro, S. L. and Teukolsky, S. A., Black Holes, White Dwarfs and Neutron Stars, J. Wiley（1982）

(15) Spitzer, L., Physical Processes in the Interstellar Medium, J. Wiley（1978）

(16) Tucker, W. H., Radiation Processes in Astrophysics, MIT Press（1975）

 星の大気や内部構造についての基本的な事項を学ぶには (7) が適当であろう．星や太陽から送り届けられる光の分光に基づいた大気の物理状態について詳しく学ぶには (1) がよい．今でも最も優れた文献だと，著者は考えている．星の内部構造と星内ですすむ熱核融合反応については，優れた書物がある．それらには (2),(4),(5),(6),(8),(12) があり，中でも (6) が傑出している．宇宙物理諸現象にみられるいろいろな素過程について学ぶには，(13) と (16) がよいだろう．特に前者は電磁放射機構を基本原理から説き起こしている．後者は電磁的素過程に関する公式集として利用できるであろう．

 星間空間における物理的素過程については，現在でも (15) を越えるものはないといってよいであろう．また，星間物質については，(2) も超新星爆発の取り扱いとかかわって，元素の起源をめぐる話題が読者にとって有用であろう．

 星内ですすむ熱核融合反応と元素合成の諸過程については，(4),(6),(12) があるが，(4) は W. ファウラーのノーベル賞を祝うために寄稿された論文集である．当時の研究最前線に対する展望が語られている．(6) は現在でも標準的な教科書だといえよう．(12) はこれさえあれば大事なことがほとんど学べると高く評価されたもので，(13) とともに手許にあれば研究最前線に立つに十分とさえいわれた書物である．(3) は熱核融合反応からの副産物であるニュートリノや超新星爆発に伴うニュートリノの生成など，ニュートリノに主眼を

置いたもので，この方面に関心ある人々にとっては，今でも標準的なものといってよいであろう．

　極限状態にある星の構造については (14) がよい．これと関連して，宇宙物理的な高エネルギー現象については，(9), (10), (11) がある．(10) は旧版は 1 巻本であったが，新版では，2 巻本と内容を豊富にしたが，それだけ充実したものとなっている．(11) は，著者ほかが編集し出版した日本語版からの英訳版である．内容については英訳に至るまでの数年間にわたる進歩を取り入れ，付録に超新星，パルサーなどの観測データなどを付け加えたものである．

　日本語で書かれた書物もあるので，いくつか将来有用と考えられるものをあげておこう．

(17) 早川幸男・林忠四郎 (編)，宇宙物理学 (現代物理学の基礎 (第 2 版) 11)，岩波書店 (1978)
(18) 小田稔，宇宙線 (物理科学選書)，裳華房 (1975)
(19) 桜井邦朋 (編)，高エネルギー宇宙物理学，朝倉書店 (1990)
(20) 桜井邦朋，天体物理学の基礎，地人書館 (1993)
(21) 佐藤文隆，宇宙物理 (現代の物理学 11)，岩波書店 (1995)
(22) 高原文郎，宇宙物理学，朝倉書店 (1999)

参考文献

1) Bennett, C. L. *et al.*, *Ap. J. Supple.*, **148**, 1 (2003)
2) Fichtel, C. E. and Trombka, J. C., Gamma-Ray Astrophysics, NASA SP-453, NASA, Washington, D. C. (1981)
3) Hubble, E., The Realm of the Nebulae, Yale Univ. Press (1936)
4) Lang, K. R., Astrophysical Formulae Vol. 2, Springer (1999)
5) 小田　稔・西村　純・桜井邦朋（編），宇宙線物理学，朝倉書店（1983）
6) Penrose, R., The Large, the Small and the Human Mind, Cambridge Univ. Press (1997)
7) Rolfs, C. E. and Rodney, W. S., Cauldrons in the Cosmos : Nuclear Astrophysics, Univ. of Chicago Press (1988)
8) 桜井邦朋，太陽―研究の最前線に立ちて，サイエンス社（1986）
9) 桜井邦朋，星々の宇宙（モダン・スペース・アストロノミー　シリーズ），共立出版（1987）
10) 桜井邦朋，宇宙物理への招待，培風館（1987）
11) 桜井邦朋，現代天文学が明かす宇宙の姿，共立出版（1989）
12) Sakurai, K. (ed.), Neutrinos in Cosmic Ray Physics and Astrophysics, Terra Pub. (1990)
13) 桜井邦朋，ニュー・コスモス，サイエンス社（1991）
14) 桜井邦朋，天体物理学の基礎，地人書館（1993）
15) 桜井邦朋，宇宙論入門，東京教学社（1995）
16) Simpson, J. A., Composition and Origin of Cosmic Rays, Shapiro, M. M. (ed.), D. Reidel, p.1 (1983)

付　　録

1. 物理定数表

光の速さ（真空中）	$c = 2.997930 \times 10^{10}$ cm/s $= 2.997930 \times 10^{8}$ m/s
万有引力の定数	$G = 6.670 \times 10^{-8}$ dyn・cm²/g² $= 6.670 \times 10^{-11}$ N・m²/kg³
アボガドロ数 （1 モル分子数）	$N_0 = 6.025 \times 10^{23}$
ロシュミット数, 　1 cm³ 中の気体分子数（0 ℃, 1 気圧）	$n = 2.687 \times 10^{19}$/cm³
0℃, 1 気圧の気体 （1 モルの体積）	$22.42\ l$
気体定数	$R = 8.317 \times 10^{7}$ erg/℃ $= 8.317$ J/℃ $= 1.986$ cal/℃
ボルツマン定数	$k = R/N_0 = 1.380 \times 10^{-16}$ erg/℃ $= 1.380 \times 10^{-23}$ J/℃
熱の仕事当量	$J = 4.186 \times 10^{7}$ erg/℃ $= 4.186$ J/℃
絶対零度	0 K $= -273.15$ ℃
電子の電荷 $-e$	$e = 1.60206 \times 10^{-19}$ C $= 4.80286 \times 10^{-10}$ esu
電子の質量	$m = 9.1083 \times 10^{-28}$ g $= 9.1083 \times 10^{-31}$ kg
水素原子の質量	$m_\mathrm{H} = 1.6733 \times 10^{-24}$ g $= 1.6733 \times 10^{-27}$ kg $m_\mathrm{H}/m = 1836.12$
プランク定数	$h = 6.62517 \times 10^{-27}$ erg・s $= 6.62517 \times 10^{-34}$ J・s $\hbar = h/2\pi = 1.054 \times 10^{-27}$ erg・s $= 1.054 \times 10^{-34}$ J・s
ボーア半径	$a_0 = h^2/me^2 = 5.2915 \times 10^{-9}$ cm $= 5.2915 \times 10^{-11}$ m
リュードベリ定数 （質量無限大の原子核）	$R_\infty = 1.09737 \times 10^{5}$/cm $= 1.09737 \times 10^{7}$/m
ステファン・ 　ボルツマン定数	$\sigma = 5.671 \times 10^{-8}$ W/m²K⁴
電子ボルト	1 eV $= 1.60206 \times 10^{-12}$ erg $= 1.60206 \times 10^{-19}$ J
⁸⁶Kr の橙色のスペク 　トル線の波長 λ_Kr	1 m $= 1650763.73\ \lambda_\mathrm{Kr}$
重力の標準加速度	$g_n = 980.665$ cm/s² $= 9.80665$ m/s²
標準気圧（760 mmHg）	1.013250×10^{6} dyn/cm² $= 1.013250 \times 10^{5}$ N/m²

II. 宇宙物理学にとって大切な物理量

星の明るさ (L)　　$L = 4\pi R^2 \sigma T^4$ $(R:$ 星の半径, $T:$ 表面温度$)$

平均的なエネルギー生成率（単位質量あたり）

$$L/M \quad (M: 星の質量)$$

絶対等級　　　星の明るさ (L) を 10 パーセク (pc) の位置にあると想定した時の星の等級

（みかけの等級との関係は本文中に記述）

σ については, 付録 I を参照.

III. 天文学的な距離の表示

天文単位（Astronomical Unit, A. U. と略記）
　　　太陽・地球間の平均距離　1.496×10^{11} m

パーセク（parsec, pc と略記）1 A. U./1 arc sec = 3.26 光年
　　　　　　　　　　　　　　　　　　　　　= 3.09×10^{16} m

光年（light year, l. y. と略記）0.307 pc = 0.946×10^{16} m

平均恒星時　　$23^h 56^m 04^s$（平均太陽時 : 24^h）

IV. 質量, 長さ, 時間の表現

質量（mass）　　kg を単位に測定

長さ（length）　m を単位に測定

　　　　　　　1000 m = 1 km

　　　　　　　1/100 m = 1 cm　　1/10 cm = 1 mm

時間（time）　　sec（または, s）を単位に測定

質量に対しては, エネルギー量で表すのが便利（付録 V を参照）

V. エネルギーの単位と表示法

宇宙物理学の研究において，しばしば用いられるエネルギーの単位に，電子ボルト (electron volt, eV と略記) がある．

1 ジュール (J) のエネルギーは，1 kg の物質に 1 N (ニュートン) の力を加えて 1 m 移動させるのに必要な仕事の量である．このエネルギー単位の 10^7 分の 1 を 1 エルグ (erg) と呼ぶ．

地表付近に置かれた 1 kg の物体に働く地球の重力は，1 g (g は重力加速度で 9.8 m/s^2) であるから，この物体を 1 m，鉛直上方に持ち上げるのに必要な仕事は，

$$1 g \times 1 \,\mathrm{m} = 9.8\,\mathrm{N \cdot m} = 9.8\,\mathrm{J}$$

である．

ここで，1 ボルト (V) の電位差の中で，電子を加速する場合について考える．電子の質量を m，電荷を e とすると，加速された電子のエネルギー E_K は，

$$E_K = 1\,\mathrm{eV}\,((電位差) \times (電子電荷))$$

と与えられる．cgs 静電単位 (esu) では，$e = 4.8 \times 10^{-10}$ (cgs)，1 V = 1/300 (esu) なので，

$$E_K = \frac{4.8 \times 10^{-10}}{300} = 1.6 \times 10^{-12}\,\mathrm{erg} = 1\,\mathrm{eV}$$

となるので，J を用いると，1 eV = 1.6×10^{-19} J．これをエネルギーの単位とする．

したがって，1 J = 6.25×10^{18} eV となる．

1 キロ電子ボルト (KeV) = 10^3 eV
1 メガ電子ボルト (MeV) = 10^6 eV
1 ギガ電子ボルト (GeV) = 10^9 eV

などの単位もしばしば用いられる (GeV の代わりに BeV という用法もある)．

気体分子運動論によると，気体成分の原子や分子が熱的な釣り合い (平衡) の下にあるとき，それらの 1 個の質量を m，平均の速度を v ととると，

$$\frac{1}{2}mv^2 = \frac{3}{2}kT$$

の関係が成り立つ．ただし，k はボルツマン定数，T は絶対温度 (K) である．$k = 1.38 \times 10^{-23}$ J/K を用いると，

$$1\,\mathrm{eV} \sim 10^4\,\mathrm{K}$$

となる．熱的釣り合いの下にある気体の中にとった表面 $1\,\text{m}^2$ を貫いて通過する放射エネルギー E_r は，1秒あたり，

$$E_r = \sigma T^4$$

で与えられる．この条件下で，放射エネルギーが最強となる波長と温度との間には，次のウィーンの変位則が成り立つ．

$$\lambda T = 0.29\,\text{cm}\cdot\text{K}$$

したがって，$T \sim 10^4\,\text{K}$ にあたる光の波長は，

$$\lambda \sim 2.9 \times 10^{-5}\,\text{cm} = 2900\,\text{Å} = 290\,\text{nm}$$

となる．このことは，星の表面温度が 10000 K のとき，熱放射の最も強くなる波長が紫外線領域にあることがわかる．このような星のごく近くにある水素はイオン化されており，いわゆる H II 領域を形成している．

電子や陽子など素粒子の静止質量を，エネルギーで表しておくと便利な場合が多い．電子，陽子の質量をそれぞれ m_e，m_p ととると，

$$m_e = 0.511\,\text{MeV}$$
$$m_p = 0.938\,\text{GeV} = 938.272\,\text{MeV}$$

と与えられる．相対論的エネルギーという場合には運動状態にあるため，ローレンツ因子 $\gamma = 1/\sqrt{1-\beta^2}$，$\beta = v/c$ を，上記の数値に掛けて求められる．v は運動速度，c は光速度である．$\gamma = 10$ の場合には，陽子のエネルギーは $m_p \gamma = 9.38\,\text{GeV}$ となる．このとき，陽子の速度は，光速の 99.6% とほぼ光速に達する．

VI. 元素の周期律表

元素の周期表（4桁原子量）2004

族\周期	1 IA	2 IIA	3 IIIA	4 IVA	5 VA	6 VIA	7 VIIA	8	9 VIII	10	11 IB	12 IIB	13 IIIB	14 IVB	15 VB	16 VIB	17 VIIB	18 O
1	1 H 1.008 水素																	2 He 4.003 ヘリウム
2	3 Li 6.941 リチウム	4 Be 9.012 ベリリウム				凡例							5 B 10.81 ホウ素	6 C 12.01 炭素	7 N 14.01 窒素	8 O 16.00 酸素	9 F 19.00 フッ素	10 Ne 20.18 ネオン
3	11 Na 22.99 ナトリウム	12 Mg 24.31 マグネシウム			原子番号 → 20 ← 元素記号 原子量（4桁）→ 40.08 ← 元素名 Ca カルシウム								13 Al 26.98 アルミニウム	14 Si 28.09 ケイ素	15 P 30.97 リン	16 S 32.07 硫黄	17 Cl 35.45 塩素	18 Ar 39.95 アルゴン
4	19 K 39.10 カリウム	20 Ca 40.08 カルシウム	21 Sc 44.96 スカンジウム	22 Ti 47.87 チタン	23 V 50.94 バナジウム	24 Cr 52.00 クロム	25 Mn 54.94 マンガン	26 Fe 55.85 鉄	27 Co 58.93 コバルト	28 Ni 58.69 ニッケル	29 Cu 63.55 銅	30 Zn 65.41 亜鉛	31 Ga 69.72 ガリウム	32 Ge 72.64 ゲルマニウム	33 As 74.92 ヒ素	34 Se 78.96 セレン	35 Br 79.90 臭素	36 Kr 83.80 クリプトン
5	37 Rb 85.47 ルビジウム	38 Sr 87.62 ストロンチウム	39 Y 88.91 イットリウム	40 Zr 91.22 ジルコニウム	41 Nb 92.91 ニオブ	42 Mo 95.94 モリブデン	43 Tc (99) テクネチウム	44 Ru 101.1 ルテニウム	45 Rh 102.9 ロジウム	46 Pd 106.4 パラジウム	47 Ag 107.9 銀	48 Cd 112.4 カドミウム	49 In 114.8 インジウム	50 Sn 118.7 スズ	51 Sb 121.8 アンチモン	52 Te 127.6 テルル	53 I 126.9 ヨウ素	54 Xe 131.3 キセノン
6	55 Cs 132.9 セシウム	56 Ba 137.3 バリウム	57~71 * ランタノイド	72 Hf 178.5 ハフニウム	73 Ta 180.9 タンタル	74 W 183.9 タングステン	75 Re 186.2 レニウム	76 Os 190.2 オスミウム	77 Ir 192.2 イリジウム	78 Pt 195.1 白金	79 Au 197.0 金	80 Hg 200.6 水銀	81 Tl 204.4 タリウム	82 Pb 207.2 鉛	83 Bi 209.0 ビスマス	84 Po (210) ポロニウム	85 At (210) アスタチン	86 Rn (222) ラドン
7	87 Fr (223) フランシウム	88 Ra (226) ラジウム	89~103 ** アクチノイド	104 Rf (261) ラザホージウム	105 Db (262) ドブニウム	106 Sg (263) シーボーギウム	107 Bh (264) ボーリウム	108 Hs (269) ハッシウム	109 Mt (268) マイトネリウム	110 Ds (269) ダームスタチウム	111 Rg (272) レントゲニウム	112 Uub (277) ウンウンビウム		114 Uuq (289) ウンウンクアジウム		116 Uuh (292) ウンウンヘキシウム		

* ランタノイド	57 La 138.9 ランタン	58 Ce 140.1 セリウム	59 Pr 140.9 プラセオジム	60 Nd 144.2 ネオジム	61 Pm (145) プロメチウム	62 Sm 150.4 サマリウム	63 Eu 152.0 ユウロピウム	64 Gd 157.3 ガドリニウム	65 Tb 158.9 テルビウム	66 Dy 162.5 ジスプロシウム	67 Ho 164.9 ホルミウム	68 Er 167.3 エルビウム	69 Tm 168.9 ツリウム	70 Yb 173.0 イッテルビウム	71 Lu 175.0 ルテチウム
** アクチノイド	89 Ac (227) アクチニウム	90 Th 232.0 トリウム	91 Pa 231 プロトアクチニウム	92 U 238.0 ウラン	93 Np (237) ネプツニウム	94 Pu (239) プルトニウム	95 Am (243) アメリシウム	96 Cm (247) キュリウム	97 Bk (247) バークリウム	98 Cf (252) カリホルニウム	99 Es (252) アインスタイニウム	100 Fm (257) フェルミウム	101 Md (258) メンデレビウム	102 No (259) ノーベリウム	103 Lr (262) ローレンシウム

（ ）内の数値は、既知同位体のうち最も安定なものの質量数である。

索　引

あ

IMB ································ 74
アインシュタイン ········ 32,45,88,148,150
アクチノイド ·························· 78
アトキンソン（R. Atkinson）············· 46
天の川銀河 ········ 9,14,18,26,29,54,82,107
　　　　　　　　126,127,130,137,139
天の川銀河の構造 ···················· 128
アーム（arm，腕）············· 10,14,26,136
アルヴァン・クラーク（Alvan G. Clark）···· 69
r 過程 ·························· 24,78,79,107
アルミニウム核（${}^{26}_{13}$Al）·············· 107
暗黒星雲 ···························· 17
暗黒物質（dark matter）····· 10,19,130,148
暗線 ·················· 2,7,16,28,38,40
アンドロメダ銀河 ··········· 15,82,126,127
　　　　　　　　　　128,130,137,139
イオン化（電離）ポテンシャル ········· 42
I 型超新星爆発 ················ 71,72,76,77
一次電離ポテンシャル ················ 112
一般相対論 ·················· 32,88,150,158
イベン（I. Iben）······················ 68
色温度（color temperature）············ 42
隕石 ································ 113
インフレーション（inflation）······ 141,153
ウィーク・ボソン ··············· 22,23,144
ウォルフ・ライエ星（C. J. E. Wolf, G. Rayet）
　　　　　　　　　　　　　　 85,114
渦巻き銀河（spiral galaxy）··········· 15,127
　　　　　　　　　　　　　　 128,130
宇宙 ···························· 18,144
宇宙線（cosmic rays）··········· 3,18,26,75,79
　　　　　　　　　　　　108,109,110,158
宇宙線源物質の化学組成 ······ 112,113,114
宇宙線のエネルギー・スペクトル ····· 111
宇宙線の化学組成 ·············· 110,112

宇宙線の起源 ························ 108
宇宙線の最高エネルギー ·············· 27
宇宙創造 ···························· 147
宇宙知性体探査（SETI）················ 96
宇宙定数（Cosmological constant）····· 148
宇宙の化学組成 ······················ 146
宇宙の背景放射 ······················ 126
宇宙物理学 ·························· 1
宇宙論（Cosmology）············· 19,144,155
うみへび座銀河団 ···················· 141
ウンゼルト（A. O. J. Unsöld）·········· 157
H・R 図 ····························· 8
H II 領域 ····················· 56,133,136
s 過程 ·························· 78,79
X 線 ··············· 2,18,26,75,97,102,108,120
X 線星 ····························· 101
X 線放射 ·························· 121
エディントン ······················· 61
エディントン（A. S. Eddington）の限界光度
　　　　　　　　　　　　　　 36,85
エネルギーの伝達機構 ················ 43
おうし座 T 型星 ·············· 58,59,82
OB 集合体（OB Association）········· 133
おとめ座銀河団 ···················· 141
オリオン・アーム ···················· 132
温度放射 ···························· 31

か

角運動保存の法則 ···················· 95
核分裂 ····························· 23
可視光 ····························· 2
加速機構 ······················ 108,114
褐色矮星 ···························· 71
活動銀河 ············· 14,15,18,118,126,134
かに星雲 ···························· 97
かにパルサー ························ 97
神岡研究施設 ························ 74

KAMIOKANDE Ⅲ ···················· *53*
かみのけ（コマ）座銀河団 ············· *139*
ガム（Gum）星雲 ······················ *120*
ガモフ（G. Gamow） ············ *46,47*
カリフォルニウム（${}^{248}_{98}$Cf） ············· *78*
γ線 ·················· *2,18,25,26,27,75,97*
102,103,104,108,120
γ線星 ·································· *104*
γ線のバックグランド放射 ············ *121*
γ線バースト ··························· *124*
γ線放射 ······························ *121*
γ崩壊 ································ *121*
輝線 ················· *2,7,16,28,38,40,59*
逆コンプトン効果（inverse Compton effect）
·· *26,27,104,121*
GALLEX ······························ *53*
吸収線（暗線） ···················· *28,59*
球状星団（globular cluster） ···· *10,82,133*
吸熱反応 ······························· *22*
凝縮温度 ······························ *113*
局所銀河団 ························· *137,139*
キルヒホフ（G. Kirchhof） ······· *2,157*
銀河 ······························· *14,126*
銀河回転 ······················ *13,15,148*
銀河回転の速度 ······················· *131*
銀河磁場 ······· *15,109,112,114,120,131*
銀河団 ························ *126,137,147,152*
銀河の集団 ·························· *137*
銀河の進化 ·························· *133*
銀河風（galactic wind） ············· *15*
近接連星 ······························· *76*
空間 ······························· *143,147*
空洞（void） ··············· *139,141,147,153*
クェーサー ······················ *118,134*
クォーク ···················· *21,22,144,153*
クラインマン-ロウ天体（Kleinman-Low Objects） ························· *56,59*
グラビトン（graviton） ············· *145*
グルオン ························ *21,144*
黒色矮星 ································ *71*

結合エネルギー ······················ *66,146*
ゲミンガ ······························· *98*
ゲミンガ・パルサー ··················· *99*
原子核エネルギー ······················ *46*
原子核間の素過程 ······················ *23*
原子核の光分解反応 ···················· *66*
原始星 ····························· *54,56,58*
原始太陽系 ····························· *16*
原子爆弾 ······························· *23*
元素組成 ······························· *16*
元素の起源 ····························· *77*
現代物理学（Modern Physics）· *1,19,20,156*
ケンタウルス座銀河団 ················ *141*
硬 X 線 ································ *25*
高エネルギー宇宙物理学 ··············· *109*
高エネルギー現象 ················· *18,108*
光円錐 ································· *91*
光球 ································· *6,40*
光子（フォトン） ·················· *22,144*
後退速度 ······························ *150*
降着（accretion） ·················· *77,88*
光年 ···································· *5*
光量子 ································· *27*
COBE ··························· *126,146,147*
ゴールド（T. Gold） ················ *96,99*
こと座 RR 型 ··························· *80*
固有運動 ······························· *13*
コロナ ················ *25,26,41,63,85,86,102*
コンプトン効果 ······················ *26,104*
コンプトン天文台（Compton Observatory）
·· *124*

さ

彩層 ·································· *41*
Sgr A* ································· *15*
サハ（M. Saha） ····················· *41*
サハの電離式 ··························· *41*
サルピター（E. Salpeter） ············ *46*
散開星団（open cluster） ··········· *10,56*
CNO サイクル ············ *46,48,49,60,63*

CO 分子 ·· 130
GZK 効果 ··· 27
ジェット ···························· 15,118,126,134
ジェット流 ·· 58
シェバーリ（J. M. Schaeberle）············ 69
紫外線 ···································· 2,84,133
時間 ··· 143,147
磁気制動放射（magnetic bremsstrahlung）
··· 26
自己重力の作用 ································ 55
事象の地平線 ···································· 93
質量吸収係数 ································ 35,60
磁場 ··· 95,131
ジャイロ・シンクロトロン放射（gyro-synchrotron radiation）······················· 26
周期・光度関係 ······························ 81,82
重力 ································ 22,31,32,145
重力子（グラビトン）················· 22,145
重力定数 ·· 155
重力場の方程式 ····························· 88,150
重力平衡 ·························· 32,33,37,44,88
重力崩壊 ······························ 77,78,93,94,101
主系列星（main sequence stars）··· 9,59,60
主系列星以後 ···································· 63
主系列星の自転 ································ 62
種族Ⅰ（PopulationⅠ）············ 13,17,120
種族Ⅱ（PopulationⅡ）······· 13,17,81,133
シュバルツシルドの計量（metric）····· 150
シュバルツシルドの半径········· 93,100,101
シュバルツシルド（K. Schwarzschild）の表示 ·· 93
寿命 ·· 50
衝撃波 ························ 18,78,87,114,136
小マゼラン雲 ···································· 15
シリウス ·· 69
シリウスA ···································· 69,70
シリウスB ···································· 69,70
シンクロトロン機構 ················ 115,131
シンクロトロン放射（synchrotron radiation）
··· 26,31

シンクロトロン放射機構 ······· 25,116,127
ジーンズ（J. H. Jeans）の質量条件 ····· 55
新星（nova）···································· 66
水素 ·· 29
水素原子 ······································· 27,29
水素分子 ·· 55
SNO ·· 53
スピン ··· 28,29
スペクトル ·· 2
スペクトル分光型 ······························ 62
星雲（nebula）································· 9
星間塵 ·· 113,114
星間物質 ······················ 4,17,30,54,133,135
星団 ··· 10
制動放射（bremsstrahlung）············ 24,25
101,104,121
星風 ··· 63,86
世界線（world line）························· 90
赤外線 ···································· 2,56,58,59
赤色巨星（Red Giant）······· 9,71,77,84,102
赤方偏移 ································ 148,150,151
SAGE ·· 53
世代 ·· 144
絶対等級（absolute magnitude）············ 5
セファイド型 ···································· 80
セファイド型変光星 ························ 81
漸近巨星分枝（asymptotic giant branch）
··· 68,84
1421 MHz の電波 ······························· 29
相対論的な星 ···································· 88
Solar Maximum Mission ···················· 79
素過程（elementary process）············ 20
素粒子間の素過程 ···························· 21

た

ダーク・レーン ······························· 136
大気のイオン化（電離）····················· 41
大質量星 ······························· 56,133,136
大マゼラン雲 ···································· 15

索引

太陽 9,26,38,40,45,50,57,62,75
　　　　　　85,86,93,102,127,128,132
太陽系形成グレイン 113
太陽圏 (heliosphere) 86,87
太陽大気 44
太陽大気の化学組成 17
太陽ニュートリノ問題 50
太陽の化学組成 112,114
太陽の公転運動 130
太陽の誕生 55
太陽風 (solar wind) 85,87
太陽フレア 26,108
対流 43
対流に対する安定条件 44
対流の発生 44
タウ・ニュートリノ 54
楕円銀河 137
W. パーソンズ (W. Parsons) 97
WMAP 126,146,147
炭素質コンドライト 16
断熱収縮 55
断熱変化 44
チコの星 76
チャンドラセカール (S. Chandrasekhar)
　　　　　　　　　　　　　　　　70
チャンドラセカールの限界質量 101
チャンドラセカールの質量限界 (mass limit) 70
中性子 21,22,23,28,78,94,146
中性子星 22,75,93,94,95,99,101
中性子の自然崩壊 23
中性子捕獲反応 24
中性パイオン (π^0) 105
超ウラン原子核 78
超銀河団 141,147,152
超弦理論 (Superstring theory) 156
超新星 76,94,148
超新星 M1 の残骸 97
超新星現象 71
超新星残骸 121

超新星 1987A 73
超新星爆発 · 18,24,55,67,70,71,75,78,94,98
　　　　103,104,107,108,113,114,120,132,135,158
チリ 17
対消滅 105,121
強い相互作用 22
強い力 22,144,145,154
デーヴィス (R. Davis, Jr.) 51,52,53
電子 22,28
電磁的な相互作用 22
電磁的な素過程 24
電子ニュートリノ 22,24,51,52,53
　　　　　　　　　　54,67,74,94,103,158
電磁波 26
電磁波の放射と吸収 24,27
電磁放射 31
電子ボルト 165
電磁力 145,154
天体分光学 (stellar spectroscopy) · 2,157
天体力学 1
電波 2,108
伝播機構 111
電波の偏り 131
電波放射 115
電離水素 130
電離度 42
東京大学宇宙線研究所 53
動的 (dynamical) な平衡 86
特殊相対論 89
ドップラー効果 28,149
ドレイク (F. Drake) 97
トンネル効果 47

な

II 型超新星 1987A 71
II 型超新星爆発 71,72
2 重星 102
ニュートリノ振動 (neutrino oscillation) · 54
ニュートン (I. Newton) 1,2
ニュートンの法則 34

熱運動 33
熱運動の平均エネルギー 30
熱核融合反応（熱核反応）....... 45,46,49
熱核融合反応の能率 47
熱伝導 43
熱伝導度 37
熱平衡 30,31,38,41
熱放射 31,39
年周視差 5

は

パイオン（$\pi^{\pm}, \pi^0$） 105
背景放射 27,146,147
ハウターマンス（F. G. Houtermans） ... 46
パーカー（E. N. Parker）............... 86
白色巨星 121
白色矮星（White Dwarf）...... 9,68,69,71
　　　　　　　　　　　　77,82,102,103
バコール（J. N. Bahcall）.............. 51
パーセク（pc）........................... 5
BATSE 124
ハッブル（E. Hubble）............. 143,148
ハッブルの法則 150
場の量子論 144
ハーバード分類法 7
ハービッグ−ハロー天体（Herbig-Haro Objects）................................ 58
ハヤシ（林忠四郎）..................... 58
ハヤシ相 59,60
バリオン（baryon）................... 148
パルサー 95,96,98,103,158
ハロー（Halo）..................... 15,128
伴銀河 15
反電子ニュートリノ 23
反応断面積 48
反物質 154
反粒子 21
反クォーク 21
反レプトン 21
ヒアデス星団 56

pp 過程 53
PP III 過程 51
光の偏り 131
光のドップラー効果 16
非対称性 154
ビッグ・クランチ（Big Crunch）....... 150
ビッグ・バン（Big Bang）......... 150,153
非熱的な電波放射 119
非熱的放射 31
標準モデル（standard model）......... 53
ヴァイツェッカー（C. von Weizsäcker）... 46
ファウラー（W. A. Fowler）........ 48,64
ファウラー（R. H. Fowler）............ 70
フェルミ（E. Fermi）................. 115
フェルミ加速 115
不規則型銀河 127
物理定数 155
ブラーエ（T. Brahe）................... 76
フラウンホーファー（J. Fraunhofer）..... 2
フラウンホーファー線 2,38
プラズマ 30,115
ブラックホール 15,91,94,100
　　　　　　　　　　　107,126,143,158
プランク（M. Planck）の放射式 31
プランク放射 31,38,41,147
フレア星 82,85,102
プレアデス星団 13,56
プロキオン 69
分光スペクトル 48
分子雲 54,55
ブンゼン（R. Bunsen）............. 2,157
ヘス（V. Hess）...................... 110
ベータ（β）崩壊 23,24,78
ベックリン−ノイゲバウア天体（Becklin-Neugebauer Objects）................. 56
ベッセル（F. W. Bessel）.............. 69
ベーテ（H. Bethe）.................... 46
ヘリウムの芯 63
ベリリウム 8（${}^{8}_{4}Be$）.................. 63
ヘール（George Ellery Hale）.......... 2

ベル（J. Bell）······················ 96
ヘルクレス座のM13 ·············· 13
ヘルツシュプルング（E. Hertzsprung）·· 8
ヘルツシュプルング・ラッセル図·· 8,9,13
　　　　　　　　　　　　58,60,67,69,82
変光星···························· 80,82
ヘンリエッタ・リービット（H. Leavitt）······ 81
ホイル（F. Hoyle）·············· 63,64
放射エネルギーの生成率 ············ 35
放射平衡 ·························· 37,88
棒状銀河 ···························· 127
膨張宇宙 ···························· 153
星（恒星）···························· 4
星の明るさ ·························· 6,43
星の一生の長さ ······················ 62
星の構造 ···························· 33
星の質量・光度関係（mass-luminosity relation）······················ 61
星の大気 ···························· 38
星の誕生 ···························· 54
星の爆発 ···························· 33
ボルツマン（L. Boltzmann）·············· 30

ま

マクスウェル（J. C. Maxwell）············ 30
マクスウェル・ボルツマンの速度分布則···· 30
見かけの等級 ························ 5
脈動（pulsation）············ 33,79,80,83
ミューオン（$\mu^{\pm}$）············ 103,105
ミューオン・ニュートリノ ········ 54,103
ミラ型 ······························ 80
ミンコフスキー（H. Minkovski）空間··· 90
網状星雲（ヴェール星雲）············ 103

や

陽子 ················ 21,22,28,46,94,146
陽子・陽子連鎖反応（proton-proton chain reaction）················ 24,46,48,49,51,60,63
陽電子 ·························· 24,121
陽電子・電子対消滅················ 105

弱い相互作用 ························ 22
弱い力 ···················· 144,145,154
Ⅳ型電波バースト···················· 119

ら

ラッセル（H. N. Russell）·········· 8,157
リチウム ·························· 59,60
粒子集団 ···························· 30
粒状斑（granule）···················· 44
臨界質量 ···························· 55
リング状星雲 ························ 84
ループ1（Loop Ⅰ）················ 107
レプトン ················ 21,22,144,153
連鎖反応（chain reaction）············ 23
ロバートソン・ウォーカー（Robertson-Walker）の計量 ·················· 150
ロバチェフスキー（N. I. Lobachevskii）·· 152
ロルフス（G. Rolfs）················ 78
ローレンツ（H. A. Lorentz）変換式···· 89
ローレンツ力 ···················· 25,26

わ

惑星状星雲 ·························· 84

著者紹介

桜井邦朋（さくらい　くにとも）

- 1956年　京都大学理学部物理学科卒業
- 専　攻　宇宙物理学
- 現　在　早稲田大学理工学部総合研究センター
  客員顧問研究員　理学博士
- 著　書　『Physics of Solar Cosmic Rays』（東大出版会）、『宇宙線物理学（編著）』（朝倉書店）、『星々の宇宙』（共立出版）、『太陽—研究の最前線に立ちて—』（サイエンス社）、『Cosmic Ray Astrophysics』(Terra Pub.)、『宇宙物理への招待』（培風館）、『宇宙線はどこで生まれたか』（共立出版）など多数

宇宙物理学
Astrophysics

2006年11月10日　初版1刷発行

著　者　桜井邦朋　ⓒ2006

発行者　南條光章

発行所　共立出版株式会社
東京都文京区小日向 4-6-19
電話　東京 3947 局 2511 番（代表）
郵便番号 112-8700／振替 00110-2-57035
URL http://www.kyoritsu-pub.co.jp/

印　刷
製　本　錦明印刷

検印廃止

NDC440.12

ISBN4-320-03443-0

NSPA 社団法人 自然科学書協会 会員

Printed in Japan

JCLS　＜㈱日本著作出版権管理システム委託出版物＞
本書の無断複写は著作権法上での例外を除き禁じられています。複写される場合は、そのつど事前に㈱日本著作出版権管理システム（電話03-3817-5670、FAX 03-3815-8199）の許諾を得てください。

■物理学関連書

http://www.kyoritsu-pub.co.jp/ **共立出版**

すらすらわかる 楽しい物理♪	飽本一裕他著
新課程 物理学の基礎	林 良一著
運動と物質 —物理学へのアプローチ—	穴田有一著
解説・演習 はじめての物理学	田中孝康著
解説 はじめての現代物理学	田中孝康著
基礎 物理学 第2版	後藤憲一著
基礎 物理学 I・II	後藤憲一編
基礎 物理学演習	後藤憲一編
詳解 物理学演習 (上)・(下)	後藤憲一編
そこが知りたい物理学	大塚徳勝著
大学課程 物理学 第2版	鵜飼正其他著
大学教養わかりやすい物理学	渡辺昌昭著
薬学系のための基礎物理学	大林康二他著
看護と医療技術者のためのぶつり学 第2版	横田俊昭著
物理学通論 第4版	新羅一郎他著
基礎教育物理学実験 増訂2版	重田二郎監修
基礎物理学実験 増訂版	下村健次他編
物理学基礎実験 第2版	宇田川眞行他編
詳解 物理／応用数学演習	後藤憲一編
問題—解答形式 物理と理工系の数学	平松 惇編
問題—解答形式 物理と特殊関数	平松 惇編
物理のための数学入門 複素関数論	有馬朗人他著
HOW TO 分子シミュレーション	佐藤 明著
アビリティ物理 物体の運動	飯島徹穂他著
ケプラー・天空の旋律(メロディー)	吉田 武著
身近に学ぶ力学	河本 修著
大学生のための基礎力学	大槻義彦著
大学課程わかりやすい力学	渡辺昌昭著
力学ミニマム	北村通夫著
技術者のための基礎物理 —力学—	飯島徹穂他著
工科の力学	松村博久他著
入門 工系の力学	田中 東他著
基礎 力学演習	後藤憲一編
詳解 力学演習	後藤憲一他編
大学の物理 力学・熱学	檜原忠幹他著
アビリティ物理 音の波・光の波	飯島徹穂他著
Excelによる波動シミュレーション	阿部吉信著
電磁気学入門	宮原恒昱著
電磁気学	大林康二著
電磁気学	安福精一他著
アビリティ物理 電気と磁気	飯島徹穂他著
技術者のための基礎物理 —電磁気—	飯島徹穂他著
詳解 電磁気学演習	後藤憲一他編
基礎と演習 理工系の電磁気学	高橋正雄著
100問演習 電磁気学	今崎正秀著
磁気現象ハンドブック	河本 修監訳
マクスウェル・場と粒子の舞踏	吉田 武著
身近に学ぶ電磁気学	河本 修著
基礎 熱力学	國友正和著
熱力学入門	佐々真一著
新装版 統計力学	久保亮五著
統計物理学入門	上田和夫著
光学入門	青木貞雄著
導波光学	左貝潤一著
超短光パルスレーザー	小林孝嘉訳
量子進化	斎藤成也監訳
基礎 量子物理学	寺澤倫孝他著
現代物理科学	石原 修著
基礎 量子力学	鈴木昱雄著
工学基礎 量子力学	森 敏彦他著
詳解 理論／応用量子力学演習	後藤憲一他編
アビリティ物理 量子論と相対論	飯島徹穂他著
一般相対性理論	杉原 亮他著
アインシュタインの遺産	井川俊彦訳
アインシュタインの予言	井川俊彦訳
アインシュタインの情熱	井川俊彦訳
アインシュタイン選集1・2・3	湯川秀樹監修
Q&A 放射線物理	大塚徳勝著
物質の対称性と群論	今野豊彦著
フーヴァー 分子動力学入門	田中 實監訳
コンピュータ・シミュレーションによる物質科学	川添良幸他著
物性論入門	石井 晃著
結晶成長学辞典	結晶成長学辞典編集委員会編
結晶解析ハンドブック	日本結晶学会同ハンドブック編集委員会編
結晶工学ハンドブック	結晶工学ハンドブック編集委員会編
結晶 —成長・形・完全性—	砂川一郎著
物質からの回折と結像	今野豊彦著
材料評価のための高分解能電子顕微鏡法	進藤大輔他著
材料評価のための分析電子顕微鏡法	進藤大輔他著
ビデオ顕微鏡	寺川 進他訳
走査電子顕微鏡	日本電子顕微鏡学会関東支部編
多目的電子顕微鏡	多目的電子顕微鏡編集委員会編
有機分子のSTM/AFM	応用物理学会有機分子・バイオエレクトロニクス分科会編
非線形力学の展望 I・II	田中 茂他訳
新訂版 カオス力学系入門 第2版	後藤憲一他訳
カオス科学の基礎と展開	井上政義他著
カオスはこうして発見された	稲垣耕作他訳
力学系・カオス	青木統夫著
ローレンツカオスのエッセンス	杉山 勝他訳